Annette Kuhn

Ich trage einen goldenen Stern

Annette Kuhn

Ich trage einen goldenen Stern

Ein Frauenleben in Deutschland

Aufbau-Verlag

Mit 60 Abbildungen

Ullstein-Bilderdienst: S. 60 und 192
Alle anderen Fotos sind aus dem Privatarchiv
von Annette Kuhn.

ISBN 3-351-02556-4

1. Auflage 2003

Einbandgestaltung Andreas Heilmann, Hamburg
Druck und Binden Ebner & Spiegel, Ulm
Printed in Germany

www.aufbau-verlag.de

Für meine Mutter

Inhalt

I.
Geburtshelferinnen

II.
Promethea – meine Begleiterin im Berufsleben

III.
Der Wechselbalg mit Namen: Emerita

I.

GEBURTSHELFERINNEN

Geboren unter einem glücklichen Stern

30. Januar 1933 – die tiefste Zäsur in der deutschen Geschichte – ein nie wieder gutzumachender Kultureinbruch.

Erst langsam fasse ich den Mut, die Trümmer zu berühren, die Leichen zu identifizieren, ihnen Namen, ihnen Leben in meiner Erinnerung zu geben. 30. Januar 1933: An diesem Tage krabbelte mein älterer Bruder, der dreieinhalbjährige Reinhard, ins elterliche Schlafzimmer: *Mutter tot, Vater tot, Reinhard geht weg.* Das war sein Kommentar, als er meine Eltern betrachtete. Sie lagen regungslos auf dem Bett. Es war der Geburtstag meiner Mutter.

30. Januar 1933 – Hitler hatte in Deutschland die Macht übernommen. Ich war noch nicht geboren, und doch glaube ich heute, damals dabei gewesen zu sein. Der 30. Januar 1933 – meine Geburtsstunde.

Ich wurde am 22. Mai 1934 geboren. In der Wunschwelt meiner Mutter wurde ich am 30. Januar 1933 gezeugt. Für sie durfte es keinen Tag der Machtergreifung geben. Ihr Körper wehrte sich dagegen. Ihren eigenen Geburtstag hat sie seit dem Jahr 1933 nie wieder gefeiert. Dafür gestaltete sie meine Geburtstage immer zu einem großen Fest.

Meine Mutter wünschte sich noch ein zweites Kind. Es sollte ein Mädchen werden. Unvernünftig nannte der Ehemann dieses Begehren. Die Schwiegermutter fand noch härtere Worte: Unverantwortlich sei der Kinderwunsch ihrer Schwiegertochter. Ein Kind sollte geboren werden – ohne Geburtsurkunde, ein Kind, das nicht in dieses Leben passte. Meine Mutter war Jüdin, »Volljüdin«.

Meine Mutter und ich

Für meine Mutter war die Zeit ihrer Schwangerschaft qualvoll. Sie wusste, dass sie »weg musste«. Was bedeutete aber das »weg«? Mein Vater schrieb im Gegensatz zu seinem Bruder Heinrich, der als junger Physiker gleich 1933 mit seinem jüdischen Göttinger Lehrer nach Oxford ausgewandert war, als frisch habilitierter Privatdozent immer neue, entwürdigende Bittbriefe ans Ministerium. Sein alleiniger Wunsch war die Ausübung seiner venia legendi, seines Rechtes, öffentlich als Philosoph an der deutschen Universität zu reden. Dafür war er bereit, auf seine Bezüge zu verzichten. Der Träger des Eisernen Kreuzes, der deutsche Parzival, der noch 1918 trotz seiner Verwundung gegen Osten ziehen wollte, um das »Böse« zu bekämpfen, erniedrigte sich – und noch mehr und ohne sie zu erwähnen, seine Frau – immer aufs Neue, um seiner Ehre als Deutscher willen. Seine Bittbriefe unterzeichnete er: *Mit deutschem*

Gruß. Vertraute er auf sein deutsches Blut, auf die Wunderkraft der eigenen Mutter, der bösen Schwiegermutter meines ersten Lebensjahres?

In den ersten Monaten des Jahres 1934 war meine Mutter sehr einsam; sie, die stolze Jüdin, die mit 16 – so ihr damals angegebenes Alter – als Krankenschwester in den Ersten Weltkrieg gezogen und für ihre Verdienste um das Vaterland mit dem Eisernen Kreuz ausgezeichnet worden war. Das genaue Geburtsjahr meiner Mutter habe ich nicht ermitteln können. Sie gehörte zur ersten Studentinnengeneration, die ohne Sondergenehmigung an einer deutschen Universität studieren durfte. Ihr Dissertationsvorhaben über Kinderspielzeug im alten Rom, das sie bei dem berühmten Altphilologen Wilamowitz begonnen hatte, hat sie bei der Geburt von Reinhard im September 1931 zu Gunsten der realen Kinderwelt aufgegeben.

Meine Großmutter, die Mutter meines Vaters, war die einzige *Arierin* in meiner Familie. Sie war eine starke Frau, eine Diakonissin aus Lüben, Schlesien. Mein Vater bewunderte sie. Als er sich 1914 als 16-jähriger Kriegsfreiwilliger gegen den Willen der Eltern zur Front meldete, intervenierte meine Großmutter bei einem ihr bekannten Offizier. Sie forderte eine militärische Grundausbildung für ihren Sohn und rettete ihm damit das Leben. Mein Vater starb nicht wie so viele seiner Klassenkameraden in Verdun. Er wurde vielmehr jüngster Leutnant in Schlesien und mit dem Eisernen Kreuz ausgezeichnet.

Kurz nach meiner Geburt besuchte meine Großmutter meine Eltern in Berlin. Auch jetzt wollte sie helfen: Ihrem ältesten Sohn, dem jungen Privatdozenten an der Universität Berlin mit seiner jüdischen Frau und zwei kleinen Kindern. Mein Vater war »Halbjude«. Glaubte er, dass seine Mutter ihn, wie vor 20 Jahren, wieder retten würde?

Versuche ich mich in diese Zeit zurückzuversetzen, bedrängen mich widersprüchliche Gefühle. Meine Großmutter wird wieder lebendig. Sie ist die böse Schwiegermutter aus dem Märchen. Sie demütigte meine Mutter allein durch ihre Gegenwart. Als eine scheinbar rettende Fee drang sie in die Räume meiner Kindheit, Räume, die meine Mutter als Schutzräume für ihre Familie so liebevoll ausgebaut hatte, mit Tieren und Puppen, Trommeln und Bällen. Meine Großmutter verwandelte sich für mich in eine böse Hexe. Sie besaß eine unheimliche Macht. Stimmt es, dass sie, die Deutsche, vorgab, mich retten zu können? Ich weiß es nicht. Sie hatte ein braunes Kleidchen für mich gekauft.

Als *Hitler-Küken* sollte ich unter ihrer Aufsicht stehen. Nur dann hätte ich eine Überlebenschance. Habe ich mir diese Geschichte eingebildet? Ich weiß es nicht.

Die böse Schwiegermutter blieb nach meiner Geburt nur wenige Wochen in Berlin. Doch wie ein rastloser Geist spukte sie weiter in den Räumen meiner Erinnerungen an meine früheste Kindheit. Von dem braunen Kleid aus grobem Stoff, der die Haut wund machte, der die Seele zerstörte, träumte ich immer wieder. In diesen Träumen war meine Großmutter die Hexe. Meine Mutter war die schöne Königin, die mich, die Prinzessin, rettete.

Meine Mutter erfand für mich andere Schutzheilige, die mich behüten und als Judenkind unkenntlich machen sollten. Frau Geheimrat Antonie Meinecke wurde meine Patentante. Ihr Patengeschenk, eine gold umrandete Meißener Tasse mit dem Spruch *Die Freundschaft reicht sie dir an diesem Tag* steht jetzt in dem Biedermeier-Schrank, den ich von meinen Eltern geerbt habe. Getauft wurde ich in Berlin-Dahlem in der *Bekennenden Kirche*. Martin Niemöller vollzog selbst die Zeremonie.

Als Zeichen meiner Zugehörigkeit zu einer realen sozia-

Meine Großmutter und mein Vater (2. und 3. von links)

len Gemeinschaft besitze ich heute einzelne Erinnerungsstücke: Briefe, Fotos, Bücher ihres Mannes Friedrich Meinecke mit ihrer Widmung. Von Niemöller getauft. Glied der Dahlemer Niemöller-Gemeinde. »Meiner lieben Patin Annette Kuhn.« Erst 1948 zu meiner Heimkehr nach Deutschland schickte mir Tante Meinecke meine »Niemöller-Bibel«, die sie für mich aufbewahrt hatte. Niemöller hatte Worte aus Jeremias 15,16 gewählt:

»Dein Wort ist meiner Gegner
Freude und Trost;
Denn ich bin ja nach deinem Namen genannt, Herr,
Gott Zebaoth.«

Mit kindlicher Dankbarkeit, aber auch mit einer mir unheimlichen Gier halte ich an diesen Gegenständen fest.

Ich besitze keine amtliche Geburtsurkunde. Bis zum heutigen Tage muss ich mich bei der amtlichen Bestätigung meiner Geburt mit einem zerknitterten Stück Papier vom

Tante Meinecke

Krankenhaus Berlin-Charlottenburg begnügen. Beim Vorzeigen dieses Papiers an den Schaltern der Macht – Einwohnermeldeämter, Passämter etc. – gerate ich immer in panische Angst. Dann rufe ich mir die Erzählung meines Vaters ins Gedächtnis, der gerne zum Besten gab, was er zu hören bekam, als er die neu geborene Tochter beim Standesamt Berlin unter dem Namen Annette angemeldet habe. Annette wie die große Dichterin Annette von Droste-Hülshoff, habe er dem Beamten gesagt. *Und stellt euch vor, der Beamte behauptete, Annette sei kein deutscher Name.* Oft erzählte mein Vater diese Geschichte. Vielleicht zu oft, denke ich heute. Eine Tochter ohne richtige Geburtsurkunde. Meine späteren Recherchen nach dem amtlichen Ausweis meiner Geburt blieben vergebens. Die Worte aus Jeremias berühren mich beim Lesen, ohne dass ich sie zu verstehen vermag. War ich durch die Taufe aus einem Judenkind zu einem Christenkind geworden?

Ich war kein schönes Kind. Ein dicker Haarbüschel hatte sich unter meinem linken Augenlied eingenistet und das Bild der Neugeborenen entstellt. Ich war, so vermute ich, ein sehr glückliches Kind. Erst nach dem Tod meiner Mutter erfuhr ich von ihrem Jüdisch-Sein. Ich glaube aber heute, dass ich es als Kind schon gespürt habe, irgendwo tief innen. Meine Mutter lehrte mich mit ihrem Schweigen, das Leben zu lieben und keine weiteren Fragen zu stellen. Diese Botschaft habe ich als Kind verstanden. Erst viele Jahre später setzten Zweifel ein. Der 22. Mai 1934, mein Geburtstag, ein Glückstag. Ich bin geboren unter einem glücklichen Stern.

Die Kinderwelt schmückte meine Mutter aus wie eine geschmackvoll gestaltete Märchengeschichte. Im Kinderzimmer stand ein Schrank aus weißem Schleiflack, eingefasst von einer Holzleiste aus orange-rötlicher Farbe. Oben im »Märchenschrank« bewahrte sie die Märchenbücher auf, aus denen sie vorlas. Meine Mutter schloss ihre Erzählungen stets mit dem Satz: *Und glaube mir, meine kleine Kinderschar, all die schönen Märchen sind wahr.*

Meine Mutter, eine Märchenkönigin und eine Intellektuelle, eine Philologin, die die Sprache liebte, die Märchen erzählte, umdichtete und mit neuen Bildern zu neuem Leben brachte. Nach den Erfahrungen des Ersten Weltkrieges war meine Mutter Feministin und Pazifistin geworden. Es würde nie wieder Krieg geben, meinte sie nach diesem Erlebnis. Als ich älter war, nannte mich mein Vater seine Porcia. Porcia, die Ehefrau des Brutus, war in alle politischen Pläne eingeweiht und beging nach der Niederlage Roms Selbstmord. Man erzählte, sie habe Kohlen verschluckt. Der heilige Hieronymus bezeichnete sie als eine glückliche, keusche Frau. In der Berliner Zeit war nicht ich, sondern meine Mutter für meinen Vater seine Porcia, die Frau, die seine Politik bestimmte. Als Frau und Jüdin setzte

Meine Mutter

sie nach 1918, im Gegensatz zu meinem Vater, ihre Hoffnungen auf die neue Republik. Die Welt der Weimarer Republik, die für sie am 30. Januar 1933 endgültig und unwiderruflich zusammenbrach, barg für die emanzipierte junge Ehefrau Erwartungen, die meinem Vater stets fremd, ihr stets unerfüllbar blieben.

Ein Bild meiner Mutter. 17-jährig, in der Tracht der Roten-Kreuz-Schwester. Ein schönes, junges, kräftiges Mädchen, ein volles rundes Gesicht mit feinen Zügen. Ich erschrak, als ich das Foto während der Arbeit an diesem Erinnerungsbuch fand. Meine Mutter. Diese Frau kannte ich nicht. Ich wusste nicht, dass meine Mutter einmal jung, schön, fröhlich war. Wir hätten miteinander lachen, spielen, Unsinn machen können. Wir hätten uns gut verstanden.

Mit meiner Freundin Eva besuchte ich vor wenigen Jahren Theresienstadt. Wir standen vor den Gräbern der zahl-

Großmutter Lewy mit ihren beiden Kindern, um 1902

losen Opfer der Nationalsozialisten, ich fotografierte den Grabstein einer jungen Frau mit Namen *Susanne Bock*. Ich wusste nichts von ihr. Vielleicht war sie eine Freundin meiner Mutter. Vielleicht hätten auch wir Freundinnen werden können. Hatte meine Mutter Freundinnen, jüdische Freundinnen, deutsche Freundinnen, die sie später vermisste? Von ihren Freundinnen sprach meine Mutter niemals. Nur zwei, Elle Ladenburg und Käthe Riezler, lernte ich später in den USA kennen, beide privilegierte Frauen, die noch

Meine Großeltern mit ihren Söhnen Helmut und Heinrich

rechtzeitig NS-Deutschland verlassen konnten. Hatte meine Mutter noch eine andere, eine ganz normale Freundin?

Das Bild des schönen, großen Hauses meiner Großeltern väterlicherseits in der kleinen Stadt Lüben liegt vor mir. Auch das Foto, das neben meiner Großmutter meinen Großvater zeigt, einen gütigen aufgeklärten Juden und angesehenen Bürger. Auf diesem Bild verkörpert er die so oft beschworene, scheinbar gelungene Symbiose des assimilierten deutschen Juden. Meine Großmutter, die Krankenschwester, war tätig in der großen Heilanstalt in Lüben, einer der ersten Euthanasie-Anstalten in NS-Deutschland. Glaubte sie, wie so manche evangelische Christinnen in dieser Zeit an die Macht der christlichen Liebestätigkeit im Dienste des gesunden deutschen Volkskörpers? War sie dem mörderischen NS-Wahn verfallen? Ich weiß es nicht. Ich werde, wenn ich mich stärker fühle, Lüben besuchen,

Mein Bruder und ich im Kinderzimmer

ihren Spuren nachgehen. Jetzt bleibt nur Trauer, eine offene Wunde. Gestern erhielt ich von meiner Freundin Barbara einen Brief, in dem es heißt: *Lüben, immer wieder Lüben, ein Kindertransport mit über 200 Kindern aus Branitz, die Kinder dort ermordet, die Gehirne wurden nach Breslau gebracht und »wissenschaftlich« ausgewertet. Ich stehe noch halb unter Schock.* Barbara arbeitet an der Geschichte ihres Großvaters, er war eines der ersten Euthanasieopfer. Meine Gedanken verwirren sich in einem Netz von Fragen, einem Netz von Lügen, einem Netz, aus dem ich mich nicht befreien kann.

Mit meiner Geburt begann mein Leben im Exil, ein Leben verwandelt durch meine Mutter in eine wunderbare Märchenwelt. Mein glücklicher Stern begleitete mich.

Der ältere Freund meines Bruders Reinhard, Arnim, Sohn des Polizeipräsidenten H., hatte den Kinderwagen, in dem ich lag, unter Wasser gesetzt. Der Kinderstreich wurde schnell entdeckt. Ich wurde gerettet. Allerdings kam Arnim nicht mehr zu Besuch, Kinderfreundschaften waren gefährlich.

Liebst du den Führer?, hatte Arnim meinen Bruder gefragt. *Ich ja*, antwortete Reinhard. *Aber meine Mutter nicht.*

Meine Mutter, selbst eine Vertriebene, begann alles, was ihr feindlich gesonnen war, aus unserem Leben zu vertreiben. Sie wusste um die Welt des Vaters von Arnim, der im Namen des Führers mordete. Sie wurde zur Rachegöttin in dem weltgeschichtlichen Drama, das seit dem 30. Januar 1933 nur Gute und Böse kannte. In diesem Drama durfte sie nicht mehr nach ihren Spielregeln spielen. Daher dichtete sie für sich und für uns das Leben um. Es wurde zu einem modernen Märchen, in dem Opfer und Täter schweigen, zu einem grausamen Spiel, das keine Gefühle, kein Mitleiden in den Grauzonen des Menschlichen zwischen Gut und Böse zulässt. In dieser Märchenwelt war meine Großmutter die böse Hexe. Sie musste vertrieben werden.

Meine Angst, das braune Kleid des *Hitler-Küken* tragen zu müssen, hatte meine Mutter mit ihrem Zauberstab gebannt. Ich lebte in meinem Kinderzimmer, in dem es nur gute Geister und Geistinnen, gute Prinzessinnen und Prinzen und viele wunderbare Tiere gab. Meine Mutter hatte sie alle in den großen Teppich meines Kinderzimmers eingestickt. In dieser verzauberten Welt lebte ich. In ihr wusste ich mich geborgen. In ihr war meine Mutter stets anwesend.

Während ich mich auf das Schreiben dieser Lebenserinnerungen vorbereitete, entdeckte ich einen Streifen von einem Film: 15 Bilder, aufgenommen von meiner Mutter in der geräumigen Wohnung in Berlin-Dahlem. Ein dreijähriges Kind auf einem weißen, hölzernen Schaukelpferd, zunächst mit seinem Bruder, dann allein hoch zu Ross. Den

In der Berliner Wohnung

älteren Bruder, einen hübschen Jungen von sechs Jahren, nachdenklich, freundlich, habe ich weggeschubst. Energiegeladen, kraftstrotzend, das Schaukelpferd treibe ich an, immer höher, immer schneller. Meine Begeisterung steigt. Ich strahle selbstbewusst in die Kamera. Ein freches Berliner Kind. *Mir kann keener*. Mit jeder Schaukelbewegung schreie ich laut auf. Es trägt mich immer höher. Ich komme dem Himmel näher. Ich merke nicht, dass sich mein hölzernes Pferd nicht vom Fleck bewegt.

Ich überrolle alle. Ich schubse sie weg, in die Ecke. Plötzlich bekam ich vor diesem kleinen Mädchen auf dem Schaukelpferd Angst. Sie setzt die Welt in Brand. Nein, sie lacht die Welt an und kennt den Abgrund, den eigenen Abgrund, den Abgrund ihrer Liebe nicht. Erst viel später – ich musste für diese Erkenntnis alt werden – lernte ich den Egoismus dieses Kindes lieben und begann, die schützende Hülle meines eigenen brennenden Egoismus zu pflegen und zu hegen.

Es gibt keine verlorene Kindheit

Keiner hat es gewagt, die Frage zu stellen. Aber, gesetzt den Fall, jemand hätte meine Mutter gefragt: *Warum haben Sie England als Aufenthaltsort gewählt?*, so hätte sie mit großer Ruhe und unwiderstehlicher Überzeugungskraft geantwortet: *England ist das Land, in dem ich immer meine Kinder großziehen wollte, England ist ein Paradies für Kinder.*

Ungewöhnlich an dem Aufenthalt in England war in meiner Erinnerung die Abwesenheit meines Vaters. Ich weiß nicht, wie meine Mutter im Jahre 1937 mit ihren zwei Kindern nach England gekommen war und mit wessen Unterstützung sie die ersten Tage, Wochen, Monate in diesem fremden Land meisterte. Vielleicht war es der Hilfe meines Onkels und seiner Frau Mariele zu verdanken, dass meine Mutter, Reinhard und ich sich zunächst in Oxford aufhalten konnten. Mein Onkel Heini war 1933 mit seiner Frau nach Oxford gezogen und lehrte als junger Professor der Physik am Merton College. In seiner Familie wurde nicht von einer Flucht aus Nazi-Deutschland gesprochen. Auch meine Familie vermied das Wort Flucht. Sie wollten keine Emigranten sein. Allerdings spürte ich als drei- bis vierjähriges Kind, dass wir alle, besonders aber meine Mutter, auf der Flucht waren, dass meine Mutter in England in erster Linie Sicherheit für sich und ihre Kinder suchte und dass die Frage des alltäglichen Lebensunterhaltes ungeklärt war. Das Wort Geld fiel in meiner Familie nicht. In den Erzählungen über die letzten Jahren in Berlin waren schon die Ängste spürbar, die meine Mutter ins Exil begleiteten.

Die gleichen Angstgeschichten wurden immer wiederholt. Auch beim Frisör hatte mein siebenjähriger Bruder Reinhard trotz aller Ermahnungen auf die Standardfrage: *Liebst du den Führer?* unerschrocken seine Standardantwort gegeben: *Ja, aber meine Mutter nicht.* In seinen Schulaufsätzen hatte er stets fantasiereich gelogen. Nicht den verordneten Hitlerschen Eintopf, sondern Gans habe es am Sonntag zum Essen gegeben, Gans mit Ananas und Sahne und Erdbeeren. Das sei sein Lieblingsgericht. Meine Mutter war zum Direktor zitiert worden. Bei wem habe sie Sahne gekauft? Und wo gäbe es im Dezember in Berlin Erdbeeren? Die Küche meiner Mutter wurde von SS-Männern kontrolliert; ihre Schritte wurden überwacht.

Meine Erinnerungen an diese Schilderungen vermischen sich mit verblassten Bildern von dem Aufenthalt in England. Meine Mutter war allein mit ihren Kindern in das Kinderparadies geflohen, das mir nie zur Heimat wurde. Hatte mein Bruder mit seiner Erzählbegabung meine Mutter gefährdet? Traf Reinhard eine Schuld an unserer Lage? Hatte er die ganze Familie in Gefahr gebracht? Beim Erzählen der Kindergeschichten von Reinhard entstand ein Ritual. Wir alle lachten, und dann folgte ein Schweigen. Ich fühlte mich dabei immer unbehaglich. Wohin gehörte ich? In das Kinderparadies meiner Mutter? In die Erzählwelt meines Bruders? Welche Wahrheit verbarg sich hinter den vielen märchenhaften, prahlerischen Geschichten meiner Kindheit? Waren es Lügengeschichten? Warum sprach keiner die Wahrheit aus? Habe ich wie Reinhard als Kind den Führer geliebt? Ich weiß es nicht.

Ich wusste damals gar nichts von den Fluchtwegen meines Vaters. Die französische Philosophin Jeanne Herschel hatte im Jahre 1936 für eine Einladung meines Vaters zum Philosophenkongress in Pontigny gesorgt. Sie wurde später

In meiner ersten Schuluniform

oft die Retterin unserer Familie genannt. Ob damals meine Mutter, Reinhard und ich zum verbotenen Fluchtgepäck nach Frankreich gehörten, weiß ich nicht. In Pontigny knüpfte mein Vater Beziehungen zu Catherine Gilbert an, einer amerikanischen Kollegin, die sich für seine Berufung an eine amerikanische Universität einsetzte. Im Jahre 1937 gelang ihm die Auswanderung in die USA. Die Bemühungen von Catherine Gilbert, die in Chapel Hill, der Staatsuniversität von North Carolina lehrte, hatten Erfolg. Meine Mutter wartete im Exilland England täglich auf Post von ihrem Mann.

Sie blieb mit meinem Bruder und mir nur sehr kurze Zeit in Oxford. Unsere neue Heimat hieß Haselmere – ein kleines Städtchen, ungefähr 30 km von Oxford entfernt.

In den Erzählungen meiner Eltern war Oxford eine symbolische Größe, insgeheim angestrebt und doch gemieden. In Oxford lebten meine Tante, mein Onkel, meine beiden Cousins: ein normales Familienleben. Es wurde nur Englisch gesprochen. Als ich in den Siebzigerjahren erstmals meine Tante in Oxford aufsuchte – ich war zu einem Vortrag im Queens College eingeladen worden –, begrüßte ich sie mit *Guten Tag, Tante Mariele*. Mit großer Bestimmtheit antwortete sie: *How do you do, Annette?* Der Taxi-Chauffeur sollte nicht hören, dass in ihrer Umgebung Deutsch gesprochen wurde.

Meine Mutter sprach nie von Oxford, von meinem Onkel, meiner Tante oder meinen beiden Cousins. War es Scham? Meine Mutter wuchs in einer großbürgerlichen jüdischen Breslauer Familie namens Lewy auf. Ihr Vater, Rechtsanwalt, war früh verstorben. Sie begleitete ihre Mutter auf Reisen: Kurorte, Hotels, Skiaufenthalte in Davos. Das war ihr Zuhause bis zum Ausbruch des Ersten Weltkrieges. Erst durch die Inflation des Jahres 1923 fing sie an, über Geld nachzudenken. Jetzt, in England, war sie völlig

Reinhard (zweite Reihe, 4. v. r.) und ich (zweite Reihe rechts) mit Schülern und Kindergartenkindern in Haselmere

mittellos, ohne ausreichende Sprachkenntnisse und ohne die Anwesenheit eines Ehemanns. In Haselmere konnte sie unbemerkt untertauchen, alten Schmuck verkaufen, für fremde Menschen Wäsche waschen, bügeln. Hier schützte sie sich vor den Demütigungen des Ausgestoßenseins.

Es gibt aus dieser Zeit viele glückliche Kinderbilder von mir. Ich besuchte den Kindergarten, Reinhard die kleine feine Schule von Haselmere. Zwei sauber gekleidete und gut genährte Kinder, die stolz ihre englischen Schuluniformen trugen. Ich liebte meinen grünen Blazer mit dem Schulabzeichen, einem bunten Specht, und meinen Schulhut mit Krempe und einem grünen und blauen Band. Auf einem Foto halte ich den großen Hasen meiner Freundin in den Armen, den ich richtig kuscheln konnte. Reinhard besaß eine Schildkröte, die er später in einem alten Schuh-

Mit dem Hasen meiner Freundin

karton in die USA schmuggelte. Auf den Bildern sehe ich zufrieden aus, ein trotziges, untersetztes kleines Mädchen, das tapfer und selbstbewusst in die Kamera blickt.

Ich weiß nicht, in welcher Sprache ich damals dachte und redete. Das Deutsche wurde für mich immer mehr zu meiner nicht gesprochenen zweiten Muttersprache. Mit Rein-

Reinhard mit seiner Schildkröte

hard unterhielt ich mich Englisch. An die Stimme und die Worte meiner Mutter erinnere ich mich dagegen nicht mehr. Sprach sie mit mir Deutsch? Sie erzählte nie von ihren Verwandten. Ich wusste nichts von den Lewys, der Familie meiner Mutter. Ich kannte den Namen Lewy nicht. Um zu überleben hatte meine Mutter auf alles verzichtet: auf ihre Identität, auf ihre Sprache, auf ihren Namen.

Für einen kurzen Augenblick drang ich einmal in ihr Reich ein. Ich ergriff ihre Hand, sie war weich, zart und mit wunderbaren feingliedrigen, dünnen, langen Fingern. *Mutter, wir schaffen es.* Ich flüsterte ihr ins Ohr: *Wir schaffen es.* Ich spürte es. Meine Mutter hatte sich für uns, für das Leben, entschieden, nicht für den Tod. Meine Mutter war immer nahe, schmerzlich nahe und immer weit, weit, weit weg.

Das Jahr des Exils in England war eine glückliche Zeit für mich. Meine Mutter wusste von den großen Bedrohungen und schenkte uns, Reinhard und mir, eine Märchenwelt, und um uns herum schwirrten Schmetterlinge, bunte, schöne Schmetterlinge. Ich hatte viele Freunde. Mein bester Freund war Pu, der Bär. Seine dicke Patschpfote konnte ich immer ergreifen. Ich wusste nichts von Ghettos, in denen es keine Schmetterlinge gab. Ich kannte nicht die Worte von Pavel Friedmann, der mit 23 Jahren am 29. September 1944 in Theresienstadt umgekommen war: *Der letzte war's, der allerletzte …, denn Schmetterlinge leben nicht hier im Ghetto.* Diese Wirklichkeit hatte für mich keinen Namen, kein Gesicht.

Mit meinem Freund Pu ging ich auf lange Wanderschaften und kletterte hoch in die Bäume, um Honig zu suchen. Ich versuchte Pu zu folgen, als er immer höher kletterte, um an den Honig zu gelangen. Und wie Pu, der sehr beschränkten Verstandes war – wir wissen, ein Bär *with very little brain* –, erkletterte ich Äste, die unter mir brachen. Ich wollte mit ihm meine Honigtöpfe zählen. Pu meinte, es seien 14, aber er war sich seiner Sache nicht ganz sicher. Vielleicht waren es 15 Töpfe voller Honig. Und Pu vergaß immer wieder, worüber er tiefsinnig nachdenken wollte.

Ich habe Pu viel zu verdanken. Wie Christopher Robin hielt ich ihn fest. Durch ihn entdeckte ich meine Liebe zu der Gliederpuppe. Ich war die kleine, hölzerne, bunt bemalte Gliederpuppe, die die Arme hochwirft, die nicht immer weiß, wer an ihren Drähten zieht. Sie weint viel und würde doch gerne tanzen und lachen und singen. Pu hat ihr ein Gedicht gewidmet. Als wir zusammen nach Honigtöpfen suchten, brummte er vor sich hin:

Gliederpuppe, Hampelfrau, wer zieht an deinen Strippen?
Gliederpuppe, Hampelfrau, sag es mir,
ich will mit dir tanzen, mit dir singen.

Gliederpuppe, Hampelfrau, tanz für mich, bewege dich.
Ich will mit dir spielen.
Ich will mit dir lachen, ich will mit dir tanzen.

Gliederpuppe, Hampelfrau, verlass mich nicht.
Die Menschen wollen nur mit mir spielen,
sie wollen nur an meinen Strippen ziehen.
Sie lachen, sie werden mich zerstören.

Gliederpuppe, Hampelfrau, du hast mich erkannt.
Du streckst mir deine Arme entgegen.
Gliederpuppe, Hampelfrau, jetzt spielen wir zusammen.
Wir lachen, wir tanzen.

Gliederpuppe, Hampelfrau, du hast mich niemals
verlassen.
Wir bleiben zusammen, wir bleiben ganz, wir bleiben heil.
Danke, danke, liebe Gliederpuppe. Ich tanze mit dir.
Danke, danke, liebe Hampelfrau. Jetzt bleiben wir beide
für immer zusammen.

So brummte Pu der Bär vor sich hin, als wir von Ast zu Ast stiegen, immer höher. Meine Kinderjahre in Haselmere. Noch heute lebe ich in dieser Märchenwelt. Meine Mutter hatte Recht, als sie ihre Erzählungen stets mit dem Satz beendete: *Und glaube mir, meine kleine Kinderschar, all die schönen Märchen sind wahr.* Meine Mutter schenkte mir diese Kinderwelt, und ich, die Gliederpuppe, weiß: Es gibt keine verlorene Kindheit.

Veronica – Mädchenjahre in den USA

Als meine Mutter, Reinhard und ich 1938 auf einem großen Ozeandampfer England verließen, war ich von einer aufgeregten Stimmung ergriffen. An das beunruhigende Gefühl der Erwartung, gemischt mit einer dumpfen Angst, während wir an der gefürchteten Insel Ellis Island vorbeischifften und die Statue of Liberty erblickten, kann ich mich heute noch erinnern. Würde mein Vater in New York am Hafen stehen und uns in Empfang nehmen? Würde auch Elle, Reinhards Patentante, die Freundin meiner Mutter aus Breslau, deren Mann in Princeton als Physiker lehrte, uns erwarten, uns zuwinken, uns in die Arme nehmen? Während der langen Überfahrt hatte ich mich elend gefühlt. Auch meine Mutter war seekrank gewesen und hatte sich nur in der Kabine aufgehalten. Allein Reinhard war quietschvergnügt, konnte für drei essen und heimlich noch seine Schildkröte betreuen, die er auf das Schiff geschmuggelt hatte. Er habe sich mit dem Kapitän – wie er sagte – angefreundet. War dies eine der vielen berühmten Geschichten von Reinhard? Vielleicht hatte ein freundlicher Seemann dem ewig hungrigen Jungen etwas zugesteckt.

Langsam ließ die Spannung nach: Die Überfahrt war gelungen. Der Albtraum, Ellis Island, verschwand. Die Freiheitsstatue winkte mir zu. Mein Vater und Elle standen in New York am Hafen. Ich erinnere mich nicht an Einzelheiten, nur an ein überwältigendes Glücksgefühl. Wir waren alle zusammen, alle eine Familie.

Als Maikönigin

Wie so viele andere Emigranten hatten wir dies Frauen zu verdanken. Die beiden miteinander eng befreundeten Professorinnen an der University of Greensboro Meta Miller und Bernice Draper, die eine Romanistin, die andere Historikerin, hatten gemeinsam mit Catherine Gilbert dazu beigetragen, dass mein Vater an die Universität Chapel Hill, North Carolina berufen wurde. Greensboro war wie Cha-

Bernice Draper, meine Mutter, Meta Miller und ich

pel Hill eine vom Bundesstaat North Carolina unterhaltene Universität. *God made Chapel Hill*, hieß es von dieser kleinen Universitätsstadt mit ihrem herrlichen Campus und wunderbaren Sportanlagen. In diese freundliche Sicht der göttlichen Weltordnung fugten sich meine Eltern nur bedingt ein. Die benachbarte Universität in Durham, Duke University, die Universität der Reichen, gesponsert von

Chesterfield und Camels und anderen großen Unternehmen, verkörperte für meine Eltern Macht und Ansehen, Eigenschaften, die sie noch aus den Berliner Tagen mit dem Universitätsleben in Verbindung brachten. In den USA war dies anders. Das Gefälle innerhalb der nordamerikanischen Universitäten war groß. *God made Chapel Hill, but men made Duke*, hieß es in unserer neuen Universitätsstadt. Wir waren in Chapel Hill zu Hause, aber Duke, das Werk der Menschen, blieb für meine Eltern ein unerreichbares Ziel. Reinhard und mich schickten sie auf eine Privatschule in Durham, in der Nähe der Duke-University.

In Chapel Hill wurde ich als Kind sehr gut aufgenommen. *Isn't she sweet? She is so cute*, hörte ich oft hinter mir sagen. Ich wurde zur Maikönigin gekürt. Mein Bild stand in der Zeitung. Ich war das Kind, das immer lächelte und niemals weinte. Ich trat gern vor mein Publikum, denn allem Anschein nach liebte es mich, und ich liebte es. Ich war froh, als ich wie alle anderen Kinder auch einen richtigen zweiten Namen erhielt: Annette Veronica Kuhn. Veronica, die Friedensbringerin. Veronica, die, die den Sieg mit sich bringt. Der Name stand für die geglückte Ankunft in dem Land der heiß ersehnten Freiheit. Ich liebte ihn. Ich war stolz auf ihn.

Ich lernte in Chapel Hill keine anderen deutschen Kinder kennen. Nur eine deutsche Familie, ein kinderloses Ehepaar, das schon in den Zwanzigerjahren ausgewandert war, wohnte in unserer Nachbarschaft. Der Mann, ein Sohn aus gutem Hause, musste Deutschland verlassen, weil er sich in die Weißwäscherin verliebt hatte, und wurde in Chapel Hill Professor der Germanistik. Sie luden uns einmal zum Kaffee ein. Wir saßen am Kaffeetisch, als die Frau des Hauses das Sofakissen umkehrte. Es war mit einem großen, schwarzen Hakenkreuz bestickt. Die Kontakte wurden abgebrochen.

Meta Miller und Bernice Draper waren die besten Freundinnen unserer Familie. In Amerika hatten Frauen schon damals Einfluss an den Universitäten. Außerhalb des Hauses sprachen wir immer Englisch. Ich fühlte mich als eine richtige Amerikanerin. Ich war die Veronica. Meine Freunde nannten mich Roni. Annette ließ sich schwer aussprechen. Die Amerikaner betonten immer die erste Silbe, das klang fremd. Ich hörte gern auf meinen neuen Namen.

Als die Amerikaner 1942 in den Krieg eintraten, veränderte sich in Chapel Hill die Stimmung gegenüber Deutschland. Ich bezog diesen Stimmungsumschwung allerdings nicht auf uns. Als eines Tages ein Polizist ins Wohnzimmer trat und Näheres über unser Radio, über die Programme, die wir hörten, über Senderfrequenzen und andere Details wissen wollte, verlief das Gespräch freundschaftlich, fast herzlich. Seine eigene Fragerei war dem uniformierten southern boy peinlich. Für ihn waren wir einfach Chapel Hillians, Mitbewohner seiner Heimatstadt, nicht Deutsche oder gar enemy aliens. Nur an einen Vorfall kann ich mich erinnern. Eine Klassenkameradin warf mir feindliche Blicke zu und zischte: *Nazi-Girl*. Ich machte ihr Schlitzaugen und rief ihr zu: *Japanese Baby*. Wusste sie nicht, wer ich war? – Veronica – die Friedensbringerin, die Siegesgöttin!

Jeden Morgen wurde auf dem Schulhof die US-Fahne gehisst und die Nationalhymne gesungen. Ich stimmte voll ein, als *America the home of the Brave* verherrlicht wurde.

Das, was wir gemeinhin die amerikanische Freiheit nennen, hatte ich an meinem ersten Schultag als Ausdruck einer mich beglückenden Selbstbestimmung erlebt. *America the home of the Brave*.

An diesem Tag rief mich die Lehrerin an die Tafel. Ich sollte den ersten Buchstaben des Alphabetes anzeichnen. Ich schämte mich entsetzlich, denn schon längst beherrschte ich das Alphabet. Ich konnte ganze Wörter

In Chapel Hill

schreiben – flüssig und mit der rechten Hand. Von meinem älteren Bruder Reinhard hatte ich mir manches abgeschaut. Und jetzt sollte ich einfach wie ein kleines Mädchen einen Buchstaben an die Tafel malen? Ich erinnere mich an meinen Zorn und an meine Verzweiflung. Es gab für mich nur eine Alternative, entweder losheulen oder die Kreide in meine linke Hand nehmen und langsam und behutsam, wie eine Anfängerin, den gewünschten Buchstaben an die Tafel

Mit meinem Bruder und unserem Hund

malen. Ich ergriff die Kreide mit meiner linken Hand und malte ein A an die Tafel.

Meine Eltern waren über meinen damaligen Einfall entsetzt und suchten mit allen Mitteln, mich wieder zur rechtshändigen Schreibweise zu bekehren. Die Lehrerschaft in Amerika bildete aber eine entschlossene Gegenfront und argumentierte mit dem meines Wissens richtigen Hinweis auf die unterschiedlichen Gehirnhälften und unterschiedlichen

Gehirnfunktionen. Ich blieb Linkshänderin. Ich freute mich über den amerikanischen Respekt vor der Entscheidungsfreiheit eines sechsjährigen Kindes.

Auf die Frage, ob ich eine echte Linkshänderin bin, wusste ich viele Jahre lang keine befriedigende Antwort zu geben. Erst als ich mich mit feministischen Theorien beschäftigte, nannte ich meine linke Hand meine weibliche und meine rechte Hand meine männliche. Heute finde ich diese Ansicht natürlich. Ich fühle mich in dieser Hinsicht als ein androgynes Wesen, ausgestattet mit männlichen und weiblichen Eigenschaften. Dieses Gefühl entspricht meiner Erfahrung der amerikanischen Freiheit. Als Mädchen spielte ich mit den Jungen Baseball, lief barfuß herum und sprach Englisch mit dem Akzent der Südstaaten-Bewohner der USA. Deutschland, der Krieg, die Not waren weit weg.

Meine Eltern handelten stets nach dem Grundsatz, keine Schule sei gut genug für uns. Von meiner amerikanischen Umgebung wurde ich als eine Garantin der europäischen Kulturtradition betrachtet, als ein biegsames, formbares Wesen, das in diesem Land der Freiheit Anspruch auf die beste Ausbildung hatte. Wie auch mein Bruder Reinhard bekam ich Stipendien für die besten Schulen des Landes.

Die Frage meiner Schulbildung beschäftigte meine Eltern. In einem Brief an seinen Bruder Heini schrieb mein Vater am 30. September 1944: *She (Annette) still has her rosy cheeks, is a great help-mate in the house, and generally of good cheer. But she has no congenial friend. Chapel Hill is not Haselmere and on the whole we feel that this southern village is not a good place for her to grow up. Nothing can be done about it at the moment.* Diese Lage änderte sich erst im Jahre 1947, als ich als Stipendiatin in der Baldwin School Aufnahme fand.

Unterschiedliche und widersprüchliche Erziehungsvorstellungen prägten meine Kindheit. Diese Ungereimtheiten und Widersprüche schenkten mir Freiräume. Am liebsten saß ich auf meinem Platz im Arbeitszimmer meines Vaters unter dem großen Schreibtisch, ganz still. Hier wagte ich kaum zu atmen. Wir beide taten so, als wüssten wir nichts voneinander. Und dann lauschte ich dem geheimnisvollen Vorgang seines Denkens. Ich wohnte dem denkerischen Vorgang mit Ehrfurcht bei, wurde Zeugin eines wunderbaren Schöpfungsaktes. Ich, die Philosophentochter, die mit ihrem Vater lange philosophische Gespräche führte, war seine Philosophin. Aber ich war auch eine Philosophin aus eigenem Recht. Ich war stolz auf meinen Beitrag in dem philosophischen Vater-Tochter-Dialog. Mit einer eigenartigen Mischung aus Frechheit und überzogenem Selbstbewusstsein bestand ich auf der Originalität meiner Ideen. In der Tiefe knisterte es in dieser guten Vater-Tochter-Beziehung, der ein autoritäres Erziehungskonzept zugrunde lag.

Ich besuchte die Private Calvert Method School in Durham, North Carolina, da in Chapel Hill die Grundschule niedergebrannt und nicht wieder aufgebaut worden war. Ersatzweise fand der Unterricht in dem Keller der Baptist Church statt. Angesichts dieser Situation stieß das Vertrauen meiner Eltern in das besondere Walten Gottes an diesem auserwählten Ort Chapel Hill an seine Grenzen. Täglich fuhr ich mit dem Bus in meine zwölf Meilen entfernt liegende Privatschule. Später besuchte ich die Baldwin School, das Mädcheninternat, das den privilegierten Amerikanerinnen die Aufnahme in die Universität Bryn Mawr ermöglichte. Davor wurde ich in die National Cathedral School in Washington, D. C. geschickt, wo meine Erziehung zur *Southern Lady* erfolgen sollte.

Dieses Schulexperiment scheiterte kläglich. Hinter jedem weißen Kind in der National Cathedral School stand im großen Speisesaal ein Schwarzer, der den Stuhl der künftigen

Lady zurechtrückte. Die Gewöhnung an die tägliche, nein: an die in jeder Minute, in jeder Sekunde zu leistende Rassendiskriminierung wurde mit Takt eingeübt. Mit dem großen schwarzen Mann, der stumm meinen Stuhl zurechtrückte, durfte ich kein Wort reden, keinen Blick wechseln. Ich wollte aber mit ihm reden, wollte in sein Gesicht schauen.

In der National Cathedral School war ich wieder die einzige Deutsche. Die Hausdame, die für mich zuständig war, nahm mich mit der Bemerkung in Empfang, ihr Sohn sei in Deutschland als Besatzungssoldat in einer Schießerei von Deutschen getötet worden, und das könne und wolle sie niemals vergessen. Ich war inzwischen zwölf Jahre alt, die Amerikaner hatten über die Deutschen gesiegt. Ihr Sohn, erklärte sie mir, sei zu Unrecht von den Deutschen getötet worden.

Mein Körper rebellierte. Ich wusste nicht, was mit mir und in mir geschah. Ich entdeckte Blut in meiner Unterwäsche und hatte hierfür keine Erklärung. Die Hausdame genoss meine Not. Sie befahl mir, im Flur auf einem goldenen Stuhl zu sitzen. Ich sollte dabei über die Sünden der Deutschen nachdenken. Stundenlang saß ich im Flur auf diesem goldenen Stuhl. Ich habe nicht geweint. Es gelang mir, heimlich zu Hause anzurufen. Am nächsten Tag kam mein Vater. Er verbrachte mit mir einen wunderbaren Tag im Washingtoner Zoo, und wir fuhren dann gemeinsam zurück nach Chapel Hill. Der Krieg war vorüber. Das nationalsozialistische Deutschland besiegt. Ich wußte nicht, ob ich mich freuen sollte. Wer gehörte zu meiner Familie? Ich dachte an meine Großmutter.

Noch heute erinnere ich mich an die roten Haare der Hausdame, an ihr weißes Gesicht, an ihren gestärkten weißen Kragen, den stechenden Geruch von Ammoniak. Wie in einem Krankenhaus.

Über diesen Vorfall wurde zu Hause nicht gesprochen. Unter dem Vorwand, meine Mutter sei krank, hatte mein Vater mich von der National Cathedral School abgeholt. Meine Mutter nahm mich in die Arme und schwieg. Mir erschien sie abwesend. Dachte sie an Deutschland, fühlte sie sich noch immer bedroht? Inzwischen war sie amerikanische Staatsbürgerin geworden. Sie hatte nichts zu befürchten. Dachte sie auch an meine Großmutter? Gab es in unserer Familie Gute und Böse? Sieger und Besiegte? Befreier und Befreite? Opfer und Täter? Ich verstand ihre Unruhe nicht und fragte nicht nach. Ich spürte ihre Sehnsucht, nach Deutschland zurückzukehren und begriff ihre Ängste nicht.

Vor Kriegsausbruch hatte meine Großmutter ein großes Paket an die Familie in den USA geschickt. Darin lag die von mir heiß geliebte *Käthe-Kruse-Puppe Hansi*, der Bub mit dem blonden Haarschopf und den blauen Augen, den ich stets um mich haben wollte. Zu den ersten Meldungen vom Roten Kreuz nach 1945 über Angehörige, die überlebt hatten, gehörte die Nachricht, dass meine Großmutter seit Kriegsende in Göttingen lebte. War sie aus Schlesien geflohen? Alleine? Meine Mutter hatte gleich nach dem Sieg über NS-Deutschland ein großes Hilfswerk aufgebaut, um den guten Deutschen zu helfen. Fast täglich schickten wir Pakete nach Deutschland. Meine Großmutter aber bekam niemals ein Paket.

Für meine Mutter waren die Jahre in der Hitze von Chapel Hill qualvoll. Die Ärzte konnten ihr nicht helfen. Sie hatte schon zu viel gelitten. Die Sonne des Südens brannte unbarmherzig. Meine Mutter sprach Englisch mit einem starken Akzent. Sie zog sich ins Haus zurück, übersetzte für ihr amerikanisches Patenkind, ein Mädchen, das auch ihren Namen – Catherine – trug, deutsche Märchen ins Englische und hielt engen Briefkontakt mit ihrer Freundin Käthe Riezler in New York. Käthe Riezler, die Tochter des Malers Liebermann, beklagte sich bei meiner Mutter über die Rationierung während des Krieges. Es fehle vor allem an Fleisch. In Chapel Hill waren Probleme dieser Art nicht spürbar. An der Fleischtheke zeigte der Metzger auf eine alte Zigarrenschachtel, gefüllt mit Fleischmarken. *Help yourself, Lady*, pflegte er meiner Mutter zu sagen, die hineingriff und für Käthe Riezler die begehrten Marken nahm. Ich bekam von Käthe Riezler die schönsten Kinderkleider, was für mich sehr wichtig war. Damals war ich in meinen Schulfreund Clinton, den Sohn eines reichen Zigarettenfabrikanten, verliebt und freute mich auf seine Geburtstagsfeier. Meine Mutter wusste stets, was mir fehlte. Sie half ohne Worte. Sie war meine beste Freundin, mein Vorbild. Sie verkörperte die kluge, umsichtige Hausfrau, die alle Entscheidungen im Leben unserer Familie selbst traf. Für mich war sie Sophia, die Frau, die meinen Vater in die Philosophie des Lebens eingeweiht hatte, die reale Frau, die sich allen männlichen Dominanzansprüchen widersetzte. Sie vermittelte mir die Botschaft der wahren Quellen der Philosophie.

Mein Vater verbreitete um sich die Atmosphäre eines autoritätsbewussten Denkers, der keinen Widerspruch duldete. In den Jahren in Chapel Hill schrieb er an seinem Buch *Freedom forgotten and remembered*, in dem er seine eigene Situation als deutscher Philosoph in den USA in den großen weltgeschichtlichen Zusammenhang von Krieg und Frieden stellte. Zur gleichen Zeit veröffentlichte er zusammen mit seiner Kollegin Catherine Gilbert seine *Philosophische Ästhetik*. Der Aufenthalt in den USA war für ihn stimmig. Inzwischen selbst US-Bürger, pries er die Demokratie als die beste Staatsform, war ein erklärter Gegner des Nationalsozialismus und vertrat als konservativer Denker das bessere Deutschland. Für mich war er auch der große

Mit meinem Vater in Chapel Hill

Sportler, der mit jugendlicher Ausdauer in der glühenden Hitze von North Carolina Tennis spielte und gerne gewann. Er sah sehr gut aus. Ich, die Vater-Tochter, bewunderte ihn. Bis auf eine kleine Winzigkeit. Diese kleine Winzigkeit wurde später zum ausschlaggebenden Punkt: Gerne war ich die kluge Philosophentochter. Ich wollte aber mehr. Für mich suchte ich das Leitbild einer Philosophin. Hier war mir meine Mutter näher.

Die Quellen der Philosophie sind weiblich. In unserer Familie wussten alle, mein Vater, meine Mutter und ich, um diese grundlegende Tatsache. Mein Vater nannte meine Mutter die Weitsichtige, die Vorausschauende. Diese Bezeichnungen finden sich in den vielen Briefen, die mein Vater in den Jahren nach 1933 schrieb, als er von Stadt zu Stadt herumreiste, einen Ausweg aus seiner Lage suchend. Über meine Mutter und ihre Gedankenwelt unterhielt ich mich aber damals nicht mit meinem Vater. Von Sophia als der Quelle der Weisheit hatte ich zwar schon als junges Mädchen eine Ahnung, ich brachte sie aber in den folgenden Jahrzehnten auf recht gewaltsame Weise zum Schweigen. Trotz aller Zurückweisungen begleitete Sophia mich auf meinem weiteren Lebensweg; schweigend, tröstend, mahnend. Sie war immer anwesend, wenn ich an meine Mutter dachte.

Äußerlich hatten meine Eltern sich an das Leben in Chapel Hill angepasst. Sie waren Mitglieder der Episcopal Church und teilten die konservativen Anschauungen ihrer Umgebung, weiße Familien aus dem Süden, die stolz auf ihre Herkunft waren. Über die amerikanischen Rassengesetze wurde zu Hause nicht laut gesprochen. Sie wurden eingehalten. Als eine schwarze Familie den Gottesdienst in der Episcopal Church besuchte und neben einer älteren Southern Lady Platz nehmen wollte, verließ diese Dame die Kirche. Der harte Klang ihrer hohen Absätze hallte im Kirchenraum nach. Scham, nicht Protest war die Reaktion meiner Eltern. Ihre Freunde in Chapel Hill waren Republikaner. Roosevelt und sein *New Deal* galt der Mehrheit von ihnen als erneuter Beweis für den Verrat der Yankees an der guten Sache und den überlegenen Werten des Südens. Der amerikanische Bürgerkrieg tobte noch in den Herzen der Mehrheit der Menschen in Chapel Hill. Das Wort *Bürgerkrieg*, das die Vorstellung von einer einheitlichen amerikanischen Nation suggerierte, nahm in der kleinen Südstadt Chapel Hill keiner in den Mund. In den Geschichtsbüchern hieß der Bürgerkrieg: the war between the states. Diesen Krieg hatten die Südstaaten noch nicht verloren. Noch immer galt der Spruch: Gott schuf Chapel Hill und den weißen Mann.

Erholung suchten meine Eltern in den Bergen von North Carolina. Diese Landschaft hielt aber in ihren Augen den Vergleich mit der alten Welt nicht aus: *But the air is less balmy. Everything is somewhat lacking in flavour as compared with the things in the old countries, the word taken both in the literal and the figurative sense.* So in einem Brief meines Vaters an seinen Bruder Heini.

Meine Kindheit verbrachte ich im Süden, genoss seine Freiheit und spürte seine Grenzen. *Freedom forgotten and remembered. Dieser Titel ist nicht ins Deutsche übersetzbar*, hatte mein Vater gesagt, als er ihn für sein neues Buch wählte. In diesem Buch, das 1943 erschien, sprach er im Namen der Deutschen, die zum Schweigen gebracht worden waren. Er verurteilte den Nationalsozialismus und setzte seine Hoffnung auf den militärischen Sieg der USA, auf die Demokratie und den christlichen Glauben. Seine Gedanken waren mir vertraut. Sie berührte mich aber nicht wie die Menschen in meiner eigenen Umwelt, Menschen getrennt in zwei Lager, in Schwarze und Weiße. Ich lernte das Gedicht von William Blake auswendig:

My mother bore me in the southern wilds
and I am black,
but oh,
my soul is white.
White as an angel is the English child.
But I am black as if bereaved of light

Dieses Gedicht begleitete mich. Leuchtend hell stand vor mir das schwarze Kind, mit dem ich nicht spielen durfte, die Mammy, die mich niemals zu sich einlud, der große, schwarze Mann, der hinten in der letzten Reihe im Bus saß, *For negroes only*, der mir den Stuhl zurechtrückte und mit dem ich nicht sprechen durfte. Ich wollte neben dem großen, schwarzen Mann sitzen. Ich wollte mit ihm sprechen. Meine Lage änderte sich erst, als ich 1948 in der Baldwin School Aufnahme fand. Die Baldwin School lag im Norden, in Pennsylvania, jenseits der Mason-Dixie-Line, die damals die Nordstaaten von den Südstaaten trennte. In der Baldwin School lachten meine Mitschülerinnen über meinen southern drawl, als ich ihnen mein Lieblingsgedicht in dem gedehnten, melodischen Tonfall des amerikanischen Südens vortrug. *My mother bore me in the southern wilds …*

Die Zeit in der Baldwin School war aber für mich nur eine Zwischenstation. Ich war weder in den Süd- noch in den Nordstaaten zu Hause. Nazi-Deutschland war militärisch besiegt. Für meine Eltern rückte die Verwirklichung ihres Traumes von der Rückkehr näher.

Das Wort Heimat hatte für mich als Schülerin in den USA eine magische Kraft, *The treasured word – die Heimat*, schrieb ich meinen Eltern aus dem Internat der Baldwin School. Der Brief trägt das Datum: SATURDAY. Auf der linken Seite des Blattes findet sich die Eintragung March, 23rd und April 4th. Es handelt sich um das Jahr 1948. Ich hatte gerade die Nachricht von dem Entschluss meiner Eltern erhalten, nach Deutschland zurückzukehren, und schrieb ihnen einen begeisterten, aufgeregten Brief voller grammatikalischer Fehler: *Dear Mother and Father, I am so excited, I can't say what I mean. But you know the sort of living together and at my real home. I don't know how all my anticipation is. I read your letter over and over again in study hall that I would never forget the treasured word – die*

Reinhard

Heimat. Every time I read it over the good news in cries and in the joy of the future. I can enjoy the present more willingly. Amerika war meine Exilheimat. Oder war ich nur im Exil zu Hause?

Mein Bruder Reinhard hatte inzwischen für Princeton ein Stipendium bekommen und wollte in den USA bleiben. Er, den wir in einer Mischung aus Ironie, Trauer und Stolz *the wandering scholar* nannten, ging seine eigenen Wege. Ich, ein neugieriges Mädchen, wollte Neues erleben, wollte nach Deutschland, wollte in meine *wirkliche Heimat*.

Jedes Jahr fuhren meine Eltern mit mir nach New York City. Unser letzter Besuch im Spätsommer 1948 war ein Abschiednehmen von den vielen Freunden. Wir drei wohnten wieder in einem kleinen Appartement im Union

Theological Seminary, diesmal ohne Entgelt. Das war gewissermaßen ein Abschiedsgeschenk an meine Eltern. Es herrschte eine deutschfreundliche Atmosphäre. Ich verbinde sie heute mit den Namen Paul Tillich, Reinhold Niebur und anderen evangelischen Theologen, die meinen Eltern halfen, in den USA den Glauben an das gute Deutschland aufrechtzuerhalten. Der Abschied von Käthe Riezler fiel meiner Mutter schwer. Wir saßen in der kleinen Wohnung am Riverside Drive beim Abendessen, es gab eine Platte mit kaltem Fleisch und warmem Gemüse. *Das kann man so zusammen servieren*, erzählte mir Käthe, die mich in die Welt der Erwachsenen einführte. Ich fühlte mich in diesem Raum sehr glücklich, umgeben von Liebermann-Bildern, die jeden Zentimeter der Wände ausfüllten. Eine Liebermann-Welt ohne Zwischenräume. Käthe Riezler erzählte von ihrem Vater: Gut, dass er bald nach 1933 gestorben ist, fügte sie hinzu. Diese Stunden waren von einer tiefen Trauer erfüllt. Ich erinnere mich an die tiefen braunen Augen der Liebermann-Tochter.

Auch ein Besuch bei Erich Warburg gehörte zum Abschiedsprogramm. Der Bankier hatte meinen Eltern beim Aufbau des Hilfswerkes 20. Juli, einer Organisation zur Unterstützung der Überlebenden des Deutschen Widerstandes, entscheidend geholfen. Gemeinsam fuhren wir mit der New Yorker U-Bahn zu seinem Haus in White Plains. Seine junge Frau bereitete das Abendessen zu. Warburgs hatten Abends kein Personal. Nach dem Essen stand Erich Warburg auf, legte eine Schürze um, ging in die Küche und bestückte die Spülmaschine. Meine Mutter lächelte, mein Vater war irritiert, und beide dachten: So wird man zum Millionär.

Die Abfahrt musste um einige Tage verschoben werden, weil mein Vater eine Einladung zur Goethe-Feier in Aspen, Colorado angenommen hatte. Meine Mutter widersprach nicht. Sie musste alles regeln: die Passage umbuchen, die Papiere. Die Last der Verantwortung war ihr anzumerken. Sie verließ selten das kleine Appartement im Union Theological Seminary. Freute sie sich auf Deutschland? Sie zeigte ihre Gefühle nicht. Bis heute bin ich mir nicht über sie im Klaren.

Die Überfahrt verlief ruhig. Ich wurde nicht seekrank, schaute auf die Unendlichkeit des Meeres und verbrachte viele glückliche Stunden, während ich meine Gedanken meinem Tagebuch anvertraute. Ich dichtete, träumte von Freiheit und überlegte, warum dieses wunderbare Wort *Freedom* nicht ins Deutsche übersetzbar sei. Immer wieder versuchte ich, Wörter zu verwandeln, neu zu erschaffen. Ich ahnte, dass ich von meinem Kindheitstraum, Dichterin zu werden, Abschied nehmen musste. Ich kannte nur englische Gedichte wie das von William Blake. *My mother bore me in the southern wilds and I am black, but oh, my soul is white*. Auch dieses Lieblingsgedicht von mir mußte ich umdichten. Ich wollte dem Gedankengang von William Blake nicht folgen, als er die Seele des schwarzen Jungen mit einer dunklen Wolke verglich. Ich musste Abschied nehmen von der Sprache meiner Kindheit. Würde ich eine neue Sprache erlernen, jemals meine eigene Sprache finden? Bange Fragen begleiteten mich, als das Schiff sich dem europäischen Kontinent näherte.

Amerika hatte den Krieg gewonnen. Ich legte den Namen Veronica, den Namen der Siegesgöttin ab. Er taugte nicht mehr für mich. Ich kam nicht als Siegerin nach Deutschland. Sieg bedeutet nicht Frieden. Freedom ein unübersetzbares Wort? Freiheit wurde mir zu einer nicht greifbaren Größe, die immer mehr in die Ferne rückte. Ich bastelte mir meine eigene Welt zusammen. Eine Wunschwelt, in der die schwarze Mammy, die bei uns zu Hause mithalf und deren dunkle Hautfarbe und deren Lieder ich so sehr liebte, mich bei sich zu Hause empfangen würde. Ich träumte von einer Welt, in der auch meine Mutter glücklich sein würde. Von einer Welt des Friedens. Ich nannte diese Welt Heimat.

Die grosse Illusion

Die Rückkehr meiner Eltern nach Deutschland war gut vorbereitet. Es sollte eine Rückkehr in das *gute Deutschland* werden. Dieses *gute Deutschland* bestand in der Wunschwelt meiner Eltern aus Gegnern des Nationalsozialismus. Als wir im zerstörten Deutschland ankamen, besuchten meine Eltern Freunde in Saarbrücken, Bonn und Berlin, Menschen, die sie »von früher her« kannten und nach all dem, was geschehen war, wiedersehen wollten. Wir wurden überall herzlich aufgenommen. Den Mittelpunkt dieser Heimkehrreise bildete meine Patentante, Frau Geheimrat Meinecke. Reinhard hatte in den USA das Werk ihres Mannes Friedrich Meinecke, *Die deutsche Katastrophe*, ins Englische übersetzt. Zwei Grundübel, der übersteigerte Nationalismus und der Sozialismus, hätten zur deutschen Katastrophe geführt, Deutschland sei aber als Kulturstaat unbeschädigt geblieben; es gelte jetzt, an Weimar, an Goethe und Schiller anzuknüpfen. So lautete die Botschaft des Geheimrat Meinecke, der inzwischen zum ersten Rektor der neu gegründeten Freien Universität ernannt worden war. Auf diese Erbschaft der *guten Deutschen* vertrauten auch meine Eltern. Für mich waren Begegnungen mit Tante Meinecke, die ich öfters in Berlin-Dahlem, Am Hirschgraben 13 besuchte, von besonderer Bedeutung. Vielleicht begann hier meine Liebe zur Geschichte und zur Geschichtswissenschaft. Jedes Mal, wenn Tante Meinecke mich über die belebte Hauptstraße in Dahlem führte, die den Namen eines preußischen Kaisers trug, erhob sie ge-

Meine Mutter, ich und mein Vater bei Freunden

bieterisch die linke Hand und hielt den Verkehr an, dann schritt sie mit mir über die Straße. Dabei erzählte sie munter: *Stell dir vor, die wollten diese Straße umbenennen, Friedrich-Meinecke-Straße. Das hätte mein Fritz nicht erlaubt. Er würde sich im Grabe umdrehen.*

In allen Dingen übernahm Tante Meinecke entschlossen die Führung. *Die Augen links*, hörte ich sie in mein Ohr zischen. Ich war unsicher. Sollte ich gehorchen? Ich hasste den preußischen Gehorsam. *Die Augen links.* Tante Meinecke wollte allem Anschein nach eine vorübergehende Nachbarin nicht begrüßen. *Die Augen links.* Ich schaute weg.

Mit der Rückkehr nach Deutschland wurde der Kreis der Menschen, mit denen ich zusammentraf, sehr bewusst von meinen Eltern bestimmt. Meine in Göttingen lebende Großmutter besuchte ich nicht. Als sie Anfang der Fünfzigerjahre in Göttingen starb, gingen meine Eltern nicht zu

Frau Geheimrat Meinecke mit ihrem Mann, 1943

ihrer Beerdigung. Mein Vater hat seine Mutter seit den Berliner Tagen kurz nach meiner Geburt nie wieder gesehen. War sie wirklich die böse Schwiegermutter, die Hexe, die das Glück unserer Familie bedrohte? Meine Tante aus Oxford, die zu ihrer Beerdigung nach Göttingen fuhr, schickte meiner Mutter aus dem hinterlassenen Hausrat einen Karton mit altem zerbeulten Besteck. Kommentarlos stellte meine Mutter diesen schmutzigen, kleinen Karton in den Keller. Meine Großmutter wurde wortlos entsorgt.

Als erste besuchten wir die Meinecke-Tochter Frau Rabl in Saarbrücken.

Die Wiederbegegnung mit alten Freunden in Bonn erfüllte meine Eltern mit Hoffnung und nährte die Illusion einer gelungenen Heimkehr. In Bonn wurde die Idee geboren, die das Phantombild des *guten Deutschen* in eine konkrete Wirklichkeit verwandeln sollte. Ministerialrat Dr. Ernst Brandenburg, der in der Weimarer Zeit mit dem ersten Zeppelin in die USA geflogen war, in der NS-Zeit sein Amt verlor und später Kontakte zu Widerstandskreisen aufnahm, hatte einen konkreten Plan. Er schlug vor, meine Mutter solle die letzten Briefe der ermordeten Widerstandskämpfer und Widerstandskämpferinnen veröffentlichen. Reinhold Schneider und Helmut Gollwitzer sollten ihr dabei als Mitherausgeber zur Seite stehen. Die vielen Kontakte, die meine Mutter durch ihre Arbeit am *Hilfswerk 20. Juli* geknüpft hatte, kämen ihr zugute. Meine Mutter zögerte nicht. Sie sehnte sich nach einer Aufgabe, vor allem nach einer engeren Beziehung zu den Menschen, die ihr Deutschland verkörperten. Sie fühlte sich zu einem Versöhnungswerk berufen, das die Grundlage für das glückliche Heimkehren für sich und für ihre Familie bilden sollte. Eine illusionäre Hoffnung.

Frau Rabl hatte für unseren Neuanfang in Erlangen ausrangierte Möbel zur Verfügung gestellt, so dass wir unser erstes Zuhause, eine Wohnung im Studentenheim, beziehen konnten. Meine Mutter konzentrierte sich auf ihre neue Aufgabe. Die in den USA geknüpften Briefbeziehungen zu den überlebenden Opfern des Widerstandes gegen das NS-Regime wurden vertieft, gegenseitige Besuche geplant. Die Begegnungen führten zu vertrauensvollen Freundschaften. Im Kreise dieser Frauen fühlte sich meine Mutter wohl. Es waren in der Mehrzahl Witwen, die ihre Männer im Zusammenhang mit dem 20. Juli verloren hatten, aber auch Kinder der hingerichteten Frauen und Männer. Sie stellten meiner Mutter ihr kostbarstes Andenken, den letzten Brief des geliebten Mannes, der geliebten Tochter, der geliebten Mutter zur Veröffentlichung zur Verfügung. Viele Jahre verbrachte meine Mutter in geduldiger, liebevoller Arbeit an diesem Buch. Unter dem von Helmut Gollwitzer vorgeschlagenen Titel: *Du hast mich heimgesucht bei Nacht* erschien es 1954, wurde immer wieder neu aufgelegt, zuletzt

Ministerialrat Brandenburg, Frühjahr 1944

im Jahre 1999 in neunter Auflage. Das Erscheinen dieses Buches bedeutete eine Zäsur im Leben meiner Mutter, eine erste Etappe im Prozess des Nachhausekommens war abgeschlossen. Gehörte jetzt meine Mutter zur deutschen Nachkriegsgesellschaft? Konnte sie sich jetzt in Deutschland heimisch fühlen?

Wer war diese Käthe Kuhn, die neben Reinhold Schneider und Helmut Gollwitzer als Herausgeberin ihren Platz einzunehmen suchte? Reinhold Schneider, ein zum Katholizismus konvertierter Dichter, wurde in der deutschen Nachkriegsgesellschaft als Zeuge eines das nationalsozialistische Unrecht überwindenden christlichen Glaubens verehrt. Seine in der NS-Zeit geschriebenen Gedichte hatten, heimlich von Hand zu Hand weitergereicht, den Widerstand gegen Hitler gestärkt. Seine historischen Dra-

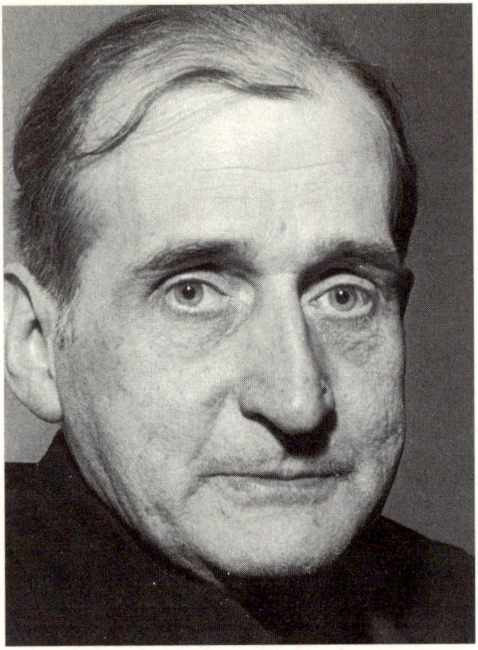

Reinhold Schneider

men gehörten in den Fünfzigerjahren zur Schullektüre in der Bundesrepublik. Meine Mutter verehrte Reinhold Schneider. Die gegenseitigen Besuche, sei es in München, wo meine Eltern seit den Fünfzigerjahren lebten, sei es in Freiburg, bildeten einen Höhepunkt in ihrem Leben.

Sehr anders gestaltete sich die Beziehung zu dem evangelischen Theologen Helmut Gollwitzer. Durch sein Buch über seine russische Kriegsgefangenschaft hatte er viele Diskussionen über den politischen und moralischen Ort des künftigen Deutschlands ausgelöst. Im Hause seiner Mutter in München wurde im kleinen Kreis über sein Konzept der politischen Neutralität Deutschlands diskutiert. Ich durfte bei diesen Zusammenkünften dabei sein. Ich erinnere mich an die gespannte Atmosphäre, an die scharfen Worte meines Vaters. Sein Zorn entlud sich erst zu Hause. Beide, Reinhold

Helmut Gollwitzer

Schneider und Helmut Gollwitzer, hatten auf sehr unterschiedliche Weise ihre Konsequenzen aus der NS-Erfahrung gezogen. Konsequenzen, die sich radikal von der Gedankenwelt meines Vaters unterschieden. Sowohl der evangelische Theologe Helmut Gollwitzer als auch der zum Katholizismus konvertierte Reinhold Schneider suchten politisch nach einem dritten Weg. Sie widersetzten sich der vorherrschenden Politik des Kalten Krieges und einer einseitigen Bindung an den Westen. Meine Mutter überging diese Differenzen. Sie scherte sich nicht um den Ost-West-Gegensatz. Sie ignorierte das Klima des »Kalten Krieges«.

Golli schrieb völlig hingerissen von dem Manuskript. Er beginnt: »Danke! Danke!« und verspricht sich einen großen Erfolg. Optimistisch meint er: »Wer könnte daran vorbeigehen?« Eine solche Einstellung ist doch schön, nicht wahr?

So schrieb mir meine Mutter am 10. März 1954, als sie die erste Reaktion von Helmut Gollwitzer auf ihr Manuskript erhielt. Sie glaubte an eine Politik der Menschlichkeit, an eine Politik der Verständigung unter Menschen, die die Unterschiede der politischen Anschauungen relativiert. Hier unterschied sie sich von meinem Vater. In einem Punkt waren sich jedoch alle einig: In diesem Erinnerungsbuch wurden der Antisemitismus, seine Wurzeln und seine Präsenz nicht thematisiert. Auch meine Mutter verschwieg, dass sie Jüdin war, dass sie als Jüdin Deutschland verlassen musste und als Jüdin nach Deutschland zurückgekehrt war. Auch ihr Nachkriegsdeutschland war judenfrei.

Zusammen mit meinem Vater konvertierte meine Mutter in den Fünfzigerjahren zum Katholizismus. Bewusst oder unbewusst hielt sie das Schweigegebot der deutschen Nachkriegsjahre ein. Später fragte ich mich, wie eine Versöhnung möglich ist, wenn die tieferen Ursachen des Unrechtes unbenannt bleiben. Meine Mutter verstand Edith Stein als eine christliche Märtyrerin, nicht als eine Jüdin, nicht als eine Frau, die nicht ermordet werden wollte und die von einer Mitschwester verraten wurde. In meinem Elternhaus wurde jüdische Identität verschwiegen, verleugnet. Der christliche Anti-Judaismus, der tiefer in der deutschen Geschichte als der Rassismus wurzelte, wurde gefühls- und gedankenlos tradiert. Hier geriet meine Mutter an eine Grenze, die sie zu überschreiten nicht wagte, die ich spürte, aber nicht zu benennen wußte. Meine Mutter wurde stiller. Sie lebte zurückgezogen, umgeben von Blumen, die sie pflegte, vom Pudel Jou-Jou, einem Geschenk Reinhards, und von wenigen Freundinnen.

Erst heute beginne ich die Ursachen für ihre Einsamkeit zu verstehen. Meine Mutter spielte eine Rolle im Nachkriegsdeutschland, die nicht spielbar war. Sie, die stolze Jüdin, hoffte insgeheim und zutiefst, in der deutschen Nachkriegsgesellschaft akzeptiert zu werden, und

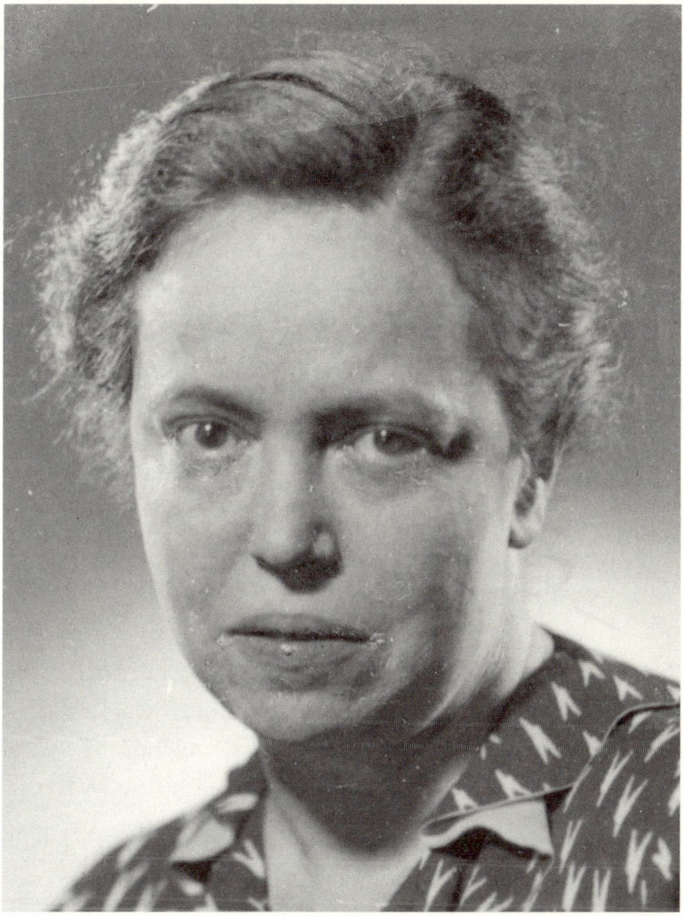

Meine Mutter

verschwieg ihr eigenes Judentum. Zwischen ihr und ihrer Umgebung herrschte ein unausgesprochenes Abkommen: das gegenseitige Schweigeabkommen zwischen Juden und Deutschen, das beiderseitige Einverständnis mit den Adenauer-Normen des Verdrängens, der materiellen Wiedergutmachungen und mit den Bequemlichkeiten eines judenfreien Deutschlands.

Meine Mutter willigte ein in dieses Abkommen. Sie beachtete seine Regeln, Regeln, von denen sie für sich und ihre Familie Schutz erhoffte, Regeln, die sie aber tagtäglich tief verletzten, ihr Selbstbewusstsein zerstörten. Sie gehorchte diesen Regeln, und ihr Gehorsam trieb sie in eine immer größer werdende innere Isolation. Schließlich in eine unheilbare Krankheit.

Wusste meine Mutter von der selbstzerstörerischen Kraft ihres Schweigens? Spielte sie bewusst die ihr zugedachte Rolle der assimilierten deutschen Professorengattin, ohne eigene Identität? Wusste sie, dass diese Rolle nicht spielbar, dass sie tödlich war?

Ich glaube heute, dass sie um die Gefahren dieses Abkommens wusste, dass sie seine Bedingungen verachtete, aber die Rolle in Würde weiterspielen wollte. Sie konnte nicht anders. Meine Mutter vereinsamte, spielte ihr eigenes Spiel und schwieg. Alle schwiegen.

Nachdem das Buch *Du hast mich heimgesucht bei Nacht* erschienen war, suchte meine Mutter zunächst andere Betätigungsfelder. Sie übersetzte englische Bücher ins Deutsche, sie liebte ihre Märchenwelt, die sie schon in Berlin aufgebaut hatte. Der Märchenschrank aus dem Berliner Kinderzimmer stand in ihrem Arbeitszimmer in München neben einer Chaiselongue, auf der sie tagsüber viele, viele Stunden lag. Ihr Gesundheitszustand verschlechterte sich. Sie zog sich immer mehr in eine Märchenwelt zurück, die sich langsam in eine Wahnwelt aus Klarsicht und Dunkelheiten verwandelte. Die Ärzte sprachen ausweichend von Sklerose. Meine Mutter wusste es besser. Die Wahrheit ihres Lebens war ihr unerträglich geworden. Sie hatte keinen Namen, keine Verwandten, keine eigene Herkunftsfamilie. Sie fragte nicht nach den Toten, die ihren Namen Lewy trugen. Sie suchte nicht nach Aufklärung. Sie ging an ihrem Schweigen zugrunde. Sie mußte eindringen in die

Sprache der Mörder. Wie sollte sie sich verständlich machen?

Der Tod ist ein Meister in Deutschland. Celan hatte Recht: *Schwarze Milch der Frühe wir trinken sie abends / wir trinken sie mittags und morgens wir trinken sie nachts / wir trinken und trinken / wir schaufeln ein Grab in den Lüften da liegt man nicht eng.* Als er seine *Todesfuge* im Mai 1952 in der Gruppe 47 vorlas, stieß er auf Ablehnung: *Wie in der Synagoge, in dem Tonfall von Goebbels*, spottete Hans-Werner Richter.

Celans Mutter war durch Genickschuss, sein Vater im KZ von den Nazis ermordet worden. Das wissen wir alle, aber nur wenige haben die Kraft, dies auszusprechen. Ingeborg Bachmann, Ilse Aichinger, Nelly Sachs, sie haben es gewagt.

Meine Mutter stand an der Grenze. Sie suchte das Wort und fand es nicht. Sie schaute mir gerne ins Gesicht, während ich wortlos in ihre traurigen Augen schaute. Sie ertrug das gesprochene Wort nicht. Wir sprachen wenig miteinander. Sie schaufelte sich ein Grab in den Lüften. Nackt, von Sinnen fand man sie kurz vor ihrem Tod auf der Straße. Der Tod ist ein Meister in Deutschland. In den Armen meiner Mutter, fest umfangen, beginnt für mich der Tag.

* * *

Meine deutsche Schulzeit begann 1948 in Erlangen. Ein freudloser, kalter Schulhof im Kasernenstil. Mit Inbrunst sang die Klasse, in die ich hineingesteckt wurde, eine Untertertia des humanistischen Jungen-Gymnasiums in Erlangen, Lieder aus der Hitler-Zeit, angefeuert durch den Klassenlehrer, einen noch begeisterten NS-Jungvolk-Führer. Aufgenommen wurde ich in das humanistische Gymnasium dank der Empfehlung von Eduard Spranger, der nach dem Krieg in Tübingen seine Lehre als Philosoph aufge-

Großmutter und Großvater Lewy mit meiner Mutter und ihrem Bruder Otto

nommen hatte. Vor 1933 hatte sich mein Vater bei ihm in Berlin habilitiert. Deutsche Schulbücher, nach 1945 eine Kostbarkeit, hatte mir Spranger vor unserer Abreise aus den USA zugeschickt als Gegenleistung für Päckchen mit Kaffee, Zucker und Zigaretten.

Die Aufnahme ins humanistische Gymnasium entsprach einem tiefen Wunsch meiner Mutter und meines Vaters. Ich

Meine Mutter, 1907

stand unter dem besonderen Schutz vom »Rex«, dem Schuldirektor, der mir in Latein Nachhilfe-Unterricht erteilte. Im Griechisch-Unterricht brüllte mein Klassenlehrer: *Kuhn* in den Klassenraum. Ich musste aufspringen und *Jawohl, Herr Lehrer* als Antwort geben. Wie eine Hampelpuppe erhob ich mich auch unaufgefordert. Jedes Mal, wenn die griechischen Vokabeln abgefragt wurden, die mit der Silbe o-u-n endeten, glaubte ich meinen Namen: *Kuhn* zu hören. *Jawohl, Herr Lehrer*, gab ich als Antwort. Das war meine neue Sprache. Das Griechische, das ich aus der gemeinsamen Lektüre mit meinem Vater in seinem Arbeitszimmer kannte, war mir vollends entfallen. Die herrlichen griechischen Laute klangen in dieser Schule plötzlich ganz anders als damals zu Hause auf dem Ecksofa, als ich Auszüge aus dem *Symposion* von Platon mit meinem Vater las.

Ich wusste um die Bedeutung meines Versagens, symbolisierte doch meine Aufnahme in das humanistische Gymnasium die gelungene Wiederkehr in die deutsche Heimat. Meine Eltern wollten durch meine Person wieder an die gute deutsche humanistische Tradition anknüpfen, an die sie unerschütterlich glaubten. Allerdings begriff meine Mutter, dass dieses schulische Experiment zum Scheitern verurteilt war. Ich blieb nur eineinhalb Jahre in jenem Gymnasium, das kurz nach 1945 vom bayrischen Kultusminister Hundhammer mit einem feierlichen Staatsakt eröffnet worden war und für meine Eltern einen so hohen symbolischen Wert besaß. Bei meinem Vorstellungsgespräch hatte »Rex« mir einen langen Vortrag gehalten über die Ehre, die mir mit meiner Einschulung in dieses Haus zuteil würde. Dabei hatte ich ihn mit Unverständnis angeschaut und gefragt: *Was meinst du eigentlich?* Meine Mutter hatte die Situation gerettet, indem sie den Namen Spranger fallen ließ, sich für mein schlechtes Deutsch entschuldigte und um seine Nachsicht warb: *Die Kindererziehung in den USA, ja, Sie wissen ja schon, Herr Direktor*. Ich blieb aber das Mädchen aus Amerika, das mangelhaftes Deutsch sprach, alle duzte, nicht zum Turnunterricht erschien, ohne Zustimmung des Direktors zur Tanzstunde ging und sich niemals im Handarbeitsunterricht einfand. Einen Eklat hatte es gegeben, als ein Mitschüler mir in der Physikstunde vorsagte, dafür vom Lehrer eine Ohrfeige erhielt

Eduard Spranger, 1946

und ich plötzlich begriff, dass meine Versetzung gefährdet war, weil ich das Spicken nicht beherrschte. Hatte *Spargel* – so nannten wir unseren Physiklehrer wegen seiner Blässe und seiner dünnen, langen Gestalt – wirklich zugeschlagen? Zugegeben, beim Vorsagen meines hilfreichen Schulkameraden war ich ungeschickt gewesen. Ich hatte gar keine Antwort gegeben. Ich hatte meinen Schulkameraden angeschaut. Ich wollte auch gar nicht die richtige Antwort geben, ich wollte selbst meine Antwort sagen. Wieder hieß es, sie spricht doch kein richtiges Deutsch. Auch meine Schulaufsätze wurden mit *mangelhaft* benotet, obgleich ich nur die von meinem Vater verfasste Vorlage abschrieb. Irgend etwas stimmte nicht. Deutsche Vergangenheit? Sollte ich von ihr ausgeschlossen werden?

Meine Mutter nahm wie immer in unserer Familie die Dinge entschlossen und unsentimental in die Hand. Sie setzte sich mit mir in den Zug nach Heidelberg. Ich sollte eine Thadden-Schülerin werden.

Die Wahl auf die Elisabeth-von-Thadden-Schule fiel nach einer gründlichen Überprüfung der Internatsschulen in der Bundesrepublik. Beeinflusst wurde diese Entscheidung durch die Familie Schramm in Göttingen, die Ende der Vierzigerjahre ihren Sohn Götz zum Studium nach Erlangen geschickt hatte. Hier sollte Götz unter anderem Philosophie bei meinem Vater hören und – so fügte es sich – regelmäßig am Mittagstisch, der in der Zuständigkeit meiner Mutter lag, teilnehmen. Einmal in der Woche bereitete meine Mutter ein großes Suppen- oder Nudeltopfgericht zu für einige auserwählte, stets hungrige Studenten.

In unserer Familie nahm für kurze Zeit Götz die Stelle meines großen Bruders Reinhard ein. Damals wollte er schon wie sein Vater Percy Ernst Schramm Historiker werden, nahm mich mit auf seine Radfahrten in der Umgebung von Erlangen und führte mich in die deutsche Literatur ein. Durch ihn lernte ich die deutschen Nachkriegsautoren und -autorinnen kennen: Agnes Miegel, Ina Seidel, Elisabeth Langgässer, Ernst Wiechert und Werner Bergengruen. Ich erinnere mich an meine unguten Gefühle bei dem vergeblichen Versuch, mich in dieser literarischen Welt zurechtzufinden. Nach meiner gescheiterten schulischen Laufbahn in Erlangen lag es nahe, die Elisabeth-von-Thadden-Schule zu wählen, die nach der Schwester von Götz' Mutter, einer geborenen Thadden, benannt war. Elisabeth von Thadden war im Zusammenhang mit dem 20. Juli hingerichtet worden. Im Jahre 1951 wurde ich in die Elisabeth-von-Thadden-Schule eingeschult.

Der Empfang durch die Schulleitung war sehr herzlich. Die Internatsleiterin, Frau Eiermann, eine zarte, sehr ent-

Reinhard auf Besuch in Erlangen, 1949

schlossene Frau mit einem innigen Blick, nickte mir freundlich zu. Sie strahlte von innen. Frau Waltz, die organisatorische Leiterin, war für mich besonders beeindruckend. Sie hatte an diesem Tag wenig Zeit für uns. Nur Frau Schenkel, die Schulleiterin, eine Gundolf-Schülerin, die Autorität verkörperte, fragte nach meinen bisherigen schulischen Leistungen. Als ich antworten wollte – eine Fünf in Physik, in Biologie ebenso, und auch in Deutsch eine Fünf –, trat mir meine Mutter auf den Fuß und ergriff selbst das Wort. Ich sei schon 17 Jahre alt, die Sekunden, d. h. die Klassen 9 und 10, müssten übersprungen werden, nur eine Einschulung in die Unterprima käme für ihre Tochter in Frage. Es erhob sich kein Widerspruch. Schließlich hatte meine Mutter Wichtigeres mit der Schulleitung zu besprechen.

In diesen Jahren war meine Mutter äußerst aktiv. Sie fühlte für die überlebenden Frauen und Kinder des deutschen Widerstandes, die ihr freundschaftlich verbunden waren, eine besondere Verantwortung. Heide Rönne, deren Vater am 20. Juli hingerichtet worden war, fehlte ein Fahrrad. Das müsse geändert werden. Meine Mutter sprach Mrs. Mc Cloy, die Frau des amerikanischen Hohen Kommissars, an. Auch Serenissima, so nannte meine Mutter Gräfin Hardenberg, die die Gelder des Hilfswerkes 20. Juli verwaltete, musste helfen. Ein typisches Vorgehen meiner Mutter, die die Kunst der Diplomatie liebte. Heide bekam ihr Fahrrad.

Besonders entschieden griff meine Mutter ein, als es um die USA-Reise von Hilde, der Tochter von Albert Speer, ging. Als Klassenbeste war sie als Austauschschülerin für die USA vorgesehen. Gegen diese Entscheidung hatte sich in der Schulverwaltung Widerstand gebildet. Sollte die Tochter eines Nazi-Verbrechers Deutschland im Ausland vertreten? Das ging doch zu weit. Meine Mutter mischte sich mit ihrer Autorität ein. Die Sippenhaft solle in Deutschland endlich ein Ende haben. Wiederum war sie erfolgreich. Hildes Vater kommentierte diese Entscheidung. In seinen Briefen aus dem Gefängnis Spandau erteilte er seiner Tochter Ratschläge: sie sollte bei ihren Gastgebern in den USA möglichst wenig über das Leben in Deutschland erzählen. Hilde hat sich nicht an diese Verhaltensmaßregeln gehalten. Gerade deshalb sind wir heute so gute Freundinnen. Eine schwierige Freundschaft. Wir beide wissen um unsere jeweiligen Lebenslügen. *Ich kann es nicht glauben, dass du nicht wusstest, dass ihr jüdisch seid*, lautet stets die Anklage von Hilde, wenn wir uns wiedersehen. Und ich frage mich: *Was hast du gewusst, als du als kleines Kind auf Hitlers Schoß gesessen hast?* Hilde und ich hüten unsere Geheimnisse noch voreinander. Wir tragen die Unsicherheit ins uns, die in der Heidelberger Zeit in mir verstärkt wurde.

Nach meiner Aufnahme in der Elisabeth-von-Thadden-Schule fuhr meine Mutter zurück nach München. Mein Vater war inzwischen auf einen Lehrstuhl für Philosophie und als Direktor des Instituts für Amerikanistik an die Ludwig Maximilians Universität berufen worden. Für unsere Familie schien für einen kurzen Augenblick die Welt in Ordnung zu sein. Ich fügte mich in das Internatsleben in der Thadden-Schule gerne ein. Frau Lennel, meine neue Hausmutter, sorgte für meine Garderobe. *Diesen Rock machen wir etwas kürzer. Und dann suchen wir nach einer hübschen, frischen Bluse.* Auch ein Friseurgang war angesagt. Ich mochte Fräulein Lennel und fühlte mich wohl.

Die Elisabeth von Thadden-Schule wurde in den Fünfzigerjahren vor allem durch die Persönlichkeit von Dr. Marie Baum geprägt. Sie war eine der ersten deutschen Studentinnen, hatte in der Schweiz Chemie studiert, als in Deutschland Frauen noch nicht zum Studium zugelassen waren. Sie war Abgeordnete der Nationalversammlung und des Reichstages, in der Weimarer Zeit Ministerialrätin, wurde 1933 von den Nazis abgesetzt. Nach 1945 gründete sie die Elisabeth-von-Thadden-Schule, im Zeichen eines nachfaschistischen, von der Frauenbewegung der Weimarer Republik beeinflussten Bildungsideals. Ich war die einzige Remigrantin in dieser Schule, in der vor allem Töchter aus Familien des deutschen Widerstandes Aufnahme fanden. Ich hatte Schwierigkeiten, meine neue Rolle im Klassenverband zu finden. Ich wurde anerkannt und war Klassensprecherin, blieb aber eine Fremde. Ich gehörte zu den Besten in Basketball und schrieb gute deutsche Aufsätze. Von größter Wichtigkeit waren für mich die Teestunden bei Marie Baum. Hier fühlte ich mich wohl. Marie Baum erzählte von ihren Erfahrungen als Studentin in der Schweiz, von ihrer Freundschaft mit Ricarda Huch, von ihren Vorstellungen von Mädchenerziehung und Frauenbildung und von ihren Sorgen über die politische Entwicklung in Westdeutschland. Sie misstraute dem *Wirtschaftswunder*. Alles gehe zu schnell, nur das Geld zähle. Ihre ehemalige Freundin, die probeweise von Australien nach Deutschland zurückgekehrt war, wollte in Deutschland nicht auf Dauer bleiben. Mit großer Trauer erzählte Marie Baum von diesem Entschluss ihrer Freundin. Ich ahnte, was sie sagen wollte. Der Ausdruck *Deutschland, das Land der Täter und der Täterinnen* fiel nicht. Wir vertieften das Thema nicht. Ich wagte nicht nachzufragen.

Ich bewegte mich stets auf einer dünnen Eisschicht. Und immer wieder krachte es unter meinen Füßen. Wollte ich in Deutschland bleiben? Mein amerikanischer Pass war noch gültig. Im Gespräch mit Marie Baum ging mir immer wieder durch den Kopf: *Und du, wo gehörst du hin?*

Ich identifizierte mich mit ihrer Freundin aus Australien, der Freundin, die Deutschland wieder verließ. War ihre Freundin Jüdin? Über Antisemitismus wurde nicht gesprochen. *Leuchtende Spur*, so lautet der Titel des Buches von Marie Baum über ihre Freundin Ricarda Huch. Das Bild der Ricarda Huch, das im Wohnzimmer von Marie Baum hing, betrachtete ich während dieser Teestunden.

Meine Mutter hatte die für mich günstige schulische Situation in der Elisabeth von Thadden-Schule richtig eingeschätzt. Auf meinem Zeugnis von der Unterprima aus dem Jahre 1952/53 war nur eine *Vier* in Physik vermerkt. Die Versetzung war gesichert. In Chemie bekam ich eine Drei mit der freundlichen Bemerkung *Chemie noch nicht ganz auf Klassenstand.* Es war klug von meiner Mutter, mich in eine von Frauen geleitete Mädchenschule zu schicken. Hier lernte ich etwas von einer Frauenkultur in der deutschen Nachkriegszeit kennen. Das Abitur als eine staatliche Veranstaltung warf allerdings seine Schatten voraus.

Der Geschichtsunterricht hörte mit Bismarck auf. Unsere Lehrerin Fräulein von Richthofen machte nur dunkle Andeutungen über die Zeit danach. Gisela, eine Mitschülerin, schlug vor, die fehlenden Jahrzehnte deutscher Geschichte, die Zeit von Bismarck bis zur Gegenwart, mit Hilfe ihres Vaters nachzulernen. Er wisse gut Bescheid, er interessiere sich für die deutsche Geschichte. Der Vater von Gisela, ehemaliger Polizeipräsident in Heidelberg, war in der Tat ein Kenner der jüngsten Zeitgeschichte.

Giselas Vorschlag wurde von meinen Mitschülerinnen gerne aufgegriffen. Wir Primanerinnen zogen mittags zu ihrem Elternhaus, um mehr über die deutsche Geschichte zu erfahren. Ihr Vater erzählte mit Begeisterung. Deutschland hätte fast den Krieg gewonnen. Leider hätten sich dann die Amerikaner eingemischt. Pearl Harbour sei das große Unglück gewesen. Mit bewegten Worten entwickelte er seine Version der Dolchstoßlegende von 1945. Meine Mitschülerinnen schrieben eifrig mit. Ich kämpfte die lange Nacht hindurch mit meinem Gewissen. Am nächsten Tag ging ich zur Internatsleiterin, Frau Eiermann, deren Vertrauen ich besaß. Ich erzählte ihr das Erlebte. War ich die Einzige in der Klasse, die etwas begriffen hat? Die Besuche bei Giselas Vater wurden eingestellt. Über diesen Vorfall wurde nicht gesprochen. Wusste Gisela, was es bedeutet, dass ihr Vater in der NS-Zeit Polizeipräsident gewesen war? Wusste sie etwas von dem Verhalten ihrer Mutter in dieser Zeit, als sie noch ein kleines Mädchen war? Wir sprachen nicht darüber.

Meine Eltern hofften, dass ich in der Thadden-Schule eine Freundin, die gute Freundin fürs Leben, finden würde. Das geschah nicht. Ich wollte zwar dazu gehören, wollte an dem Leben meiner Klassenkameradinnen teilnehmen, auch an ihren Vergangenheiten. Doch fühlte ich mich in meiner Schulklasse zunehmend unbehaglich. Ich wollte nicht zu den *Guten* gehören, ich galt als arrogant. Wie ernst sollte ich das ganze Gerede um das Abitur nehmen? Ich orientierte mich an der etwas zynischen Haltung meines Mathematiklehrers, der uns Mädchen sowieso nicht ernst nahm. Ich spielte die Clownin und war eine gute Kameradin. Für meine Lehrerinnen war ich die schwer durchschaubare, in ihren Leistungen schwankende Schülerin, die Fremde, die zwischen den harten Realitäten des Lebens und der Musik in der eigenen Fantasiewelt nicht zu unterscheiden vermochte.

Ich war keine angenehme Schülerin. Die Fremde in einer deutschen Schule. Das Mädchen, das nicht wusste, worüber sie lachen durfte und worüber nicht. Im Abitur hatte ich in Mathematik im Schriftlichen völlig versagt. Daher kam ich in die mündliche Prüfung. Ich sollte eine Lieblingsaufgabe meines Mathematiklehrers lösen, eine Aufgabe, von der er behauptete, sie sei für Mädchen zu schwer. Es handelte sich um die mathematische Errechnung und grafische Darstellung der Sinus-Kurve mit ihren mysteriösen Sprüngen von minus bis plus unendlich. Bei dieser Aufgabenstellung mühte ich mich vor der Prüfungskommission an der Tafel redlich ab. Der gute Ruf der Schule stand auf dem Spiel. Frau Schenkel, die Direktorin, präsidierte mit großer Würde und einem hochroten Kopf. Die Prüfungskommission aus Karlsruhe schaute zu, als ich an die kritische Stelle in der Ableitung gelangt war, dem mysteriösen Sprung in der Sinus-Kurve. Dieser Sprung ins Unendliche von minus bis plus war, wie ich wusste, erklärungsbedürftig. Mein Mathematiklehrer hatte an dieser Stelle stets seinen Vortrag über die Schwachheit des weiblichen Geistes eingeflochten: *Der Geist der Frauen*, wie er hinzufügte, sei willig, *aber ihr Fleisch ist schwach*, meinte er. Ich drehte mich von der Tafel um und schaute frech, ein bisschen belustigt in die Prüfungsrunde. In getreuer Nachahmung der Worte meines

Mathematiklehrers rief ich mit fester Stimme in den Raum: *Und jetzt machen wir ein kleines Kunststückchen.* Mein Mathematiklehrer, sonst phlegmatisch und unbeteiligt, geriet außer Fassung. *Setzen Sie sich*, rief er mir zu, als ich meinen kleinen Triumph genießen wollte.

Nach meinem Abitur gestalteten sich meine Beziehungen zur Elisabeth-von-Thadden-Schule noch komplizierter. Während meiner Heidelberger Universitätszeit hatte meine ehemalige Klassenlehrerin, Frau Wiedeburg, mich gebeten, das Leibnitz-Manuskript ihres Mannes, eines nach 1945 nicht mehr an der Heidelberger Universität tätigen Psychologen, der sich mir gegenüber als Schüler von Karl Jaspers vorstellte, zu kürzen. Sein Leibnitz-Buch sei von der Mainzer Akademie der Wissenschaften angenommen worden, allerdings mit der Auflage, 150 von den über 400 Seiten zu kürzen. Gerne übernahm ich diese Aufgabe. Sie wurde gut bezahlt, von einem Corpsbruder von Herrn Wiedeburg, einem – wie er mir stolz erzählte – CDU-Abgeordneten, der viel für die deutsche Kultur tate. Über die notwendigen Kürzungen musste ich nicht lange nachdenken. Kapitelweise fanden sich Blut-und-Boden-Sprüche und -Argumente. Es troff nur so. Bald waren die 150 Seiten weggestrichen. Meine Arbeit hatte ich gut und schnell erledigt. Das Manuskript wurde von der Mainzer Akademie der Wissenschaften angenommen. Über meine Kürzungen wollte Herr Wiedeburg aber nicht mit mir reden. Was gab es da noch zu sagen? Meine Verbindung zu Wiedeburgs brach vorläufig ab. Bis zu einer Wiederbegegnung nach 15 Jahren.

Dann – ich war inzwischen Professorin für *Geschichte und ihre Didaktik* in Bonn – folgte ich der Aufforderung zu einem Klassentreffen in Heidelberg. Meine ehemalige Schulfreundin Elke hatte das Treffen organisiert. Sie hatte sich als Ärztin in Bonn niedergelassen und schien gewillt, die alte, gute Beziehung zu mir wieder aufzunehmen. Zusammen wollten wir ein Geschenk für Frau Wiedeburg aussuchen. Damals arbeitete ich gerade zur deutschen Nachkriegsgeschichte aus Frauensicht. Ich schlug ihr vor, Frau Wiedeburg ein Buch über diese Thematik zu schenken. Elke lehnte kommentarlos ab. Wieder hatte ich einen Fehler begangen. Dennoch nahm ich am Klassentreffen teil. Ich fuhr alleine nach Heidelberg.

Es gab Kaffee und Kuchen, die Stimmung war gut. Ich setzte mich neben Frau Wiedeburg, ich wollte mich mit ihr unterhalten, wollte ihr etwas von meiner Arbeit erzählen. Sie war aber wenig interessiert. Daher drehte ich den Spieß um. Ich wolle etwas von ihr wissen, sagte ich. Ich wollte wissen, wie sie die Nachkriegszeit in Heidelberg erlebt habe.

Frau Wiedeburg wurde sehr lebhaft. Sie begann hemmungslos zu reden. *Das kannst du dir gar nicht vorstellen. Es war alles viel schlimmer als im Krieg. Jetzt krochen die Juden alle aus ihren Löchern.*

Das entscheidende Wort war gefallen. Ich begann zu begreifen. Die Juden, die Ratten. Sie krochen wieder aus ihren Löchern. Sie waren an allem schuld. Ich suchte mir einen anderen Platz, setzte mich neben eine Mitschülerin, die ich während meiner Schulzeit kaum beachtet hatte. Sie erzählte mir alle Einzelheiten aus ihrem Leben, über ihre Kinder, über ihren Mann. Nein, einen Beruf hätte sie nicht ausgeübt. Ich hörte zu und hörte nichts. Ich dachte an die Ratten. Ich begriff: Ich gehörte zu den Ratten.

Das war mein letztes Klassentreffen. Zu meiner alten Schulklasse habe ich nie wieder Kontakt aufgenommen. Nur mit Hilde, geborene Speer, verbindet mich eine tiefe Freundschaft. Wir versuchen beide, jede auf ihre Weise, mit unserer jeweiligen Lebensgeschichte umzugehen.

Deutschland wurde nicht zur *Heimat. Heimat, the treasured word*. Ich hatte mir vorgestellt, dass ich in diesem Land mit Namen Heimat an den Erfahrungen der Menschen teilhaben würde, von denen meine Eltern so oft sprachen. Menschen, die meine Eltern als die *guten Deutschen* bezeichneten. Diese Menschen fand ich nicht. Wir lebten das Leben der assimilierten Juden des deutschen Kaiserreichs. Das Land, in das ich zurückkehrte, sollte judenfrei bleiben. So hatten es die Nazis gewollt, so wollte es meine Umgebung, die so nett zu mir war – ich sah ja gar nicht jüdisch aus – und deren Nettigkeit mich wie ein kaltes Isolierband von ihrem Leben abschnitt. Auch ich war eine judenfreie Deutsche geworden. Mein Körper wurde aus judenfreien Zonen zusammengesetzt. Eine judenfreie Gliederpuppe, die deutsche Hampelfrau. Ich wußte nichts von den Äderchen, die meinen Körper durchzogen, den roten Blutäderchen, die mir von meiner jüdischen Verwandtschaft erzählten. In meinem judenfreien Körper fühlte ich mich nicht wohl.

Meine Mutter wurde immer stiller. Ihre Brücke aus Reden und Schweigen, die Arbeit an dem Buch *Du hast mich heimgesucht bei Nacht*, trug sie nicht mehr. Sie zog sich in ihr Arbeitszimmer, in ihre Märchenwelt zurück. Ihr Körper litt. Die Aufbruchstimmung war verflogen. Wie Gift kroch die Sprachlosigkeit in unsere menschlichen Beziehungen und zerstörte viele Freundschaften, die sich nach unserer Rückkehr nach Deutschland angebahnt hatten. Die deutsche Normalität war eingekehrt. Ich machte in der Elisabeth-von-Thadden-Schule mein Abitur, träumte von besseren Zeiten und dichtete schlechte Verse. Ich wollte Deutsche sein, wollte dieses Deutschland lieben, wollte seine Sprache sprechen. Statt dessen sang ich Pu-artig vor mich hin:

Gliederpuppe, Hampelfrau, verlass mich nicht.
Tanz mit mir, sing mit mir.
Erzähl mir, wer ich bin.
Erzähl mir, wie werde ich in Deutschland ein menschliches
Wesen.
Verrat es mir.
Gliederpuppe, Hampelfrau, verlass mich nicht.
Tanz mit mir, sing mit mir.
Halt mich fest.

Verliebt.
Studienjahre in München, den USA und Heidelberg

Für eine kurze,
für eine lange
Ewigkeit
verliebt.

Diese Zeilen schrieb ich im Jahre 1955. Der kindliche Glaube, verstanden zu werden. Kurze Sekunden, die in meinem Gedächtnis zu einer kleinen, glücklichen Ewigkeit verschmelzen. Meine Studienjahre waren glückliche Jahre, Jahre des Verliebtseins.

Nach meinem Abitur stand für mich fest, ich werde in München studieren. Hierüber gab es keine Diskussionen. Damals war der Besuch der Heimatuniversität für Kinder von Professoren gebührenfrei. Als Universitätsstadt war München verlockend: Berge, Kunst, die Nähe zu Italien. Auch die Wahl meines Studienfaches, Geschichte, stand für mich fest. Weshalb? Warum? Zu wessen Nutzen? Mit welcher Zielsetzung? Diese Fragen stellte ich mir, ohne auf sie eine befriedigende Antwort geben zu können. Mein Vater war mit meiner Wahl sehr einverstanden. Er sah darin eine glückliche Ergänzung seiner philosophischen Gedankenwelt, die für Historie wenig Platz hatte. Die Vater-Tochter-Arbeitsteilung, deren Grenzen ich noch nicht wahrnahm, reizte mich zunächst. Mein erstes Taschengeld verdiente ich durch einen kleinen Lexikon-Artikel, der ihm lästig war. Dabei hielt ich mich fest an die Regeln und forschte nach

Mein Vater in München

Neuerscheinungen über die Philosophenschule von Alexandria. Der Artikel für die Neuauflage des *Pauly* erschien unter dem Namen meines Vaters.

In der Schulzeit hatte mich der Geschichtsunterricht meiner Lehrerin, Frau Schenkel, fasziniert. Die Lektüre der historischen Dramen von Reinhold Schneider, etwa *Las Casas vor Karl V* oder über I*nnozenz III*, hatten meine Neugierde an Geschichte geweckt. Ich schrieb mich als Studentin bei dem Historiker Franz Schnabel ein, hörte an jedem Montag von zwei bis vier Uhr im Audimax der Münchener Universität seine Hauptvorlesung zur Reformation, später zur Bismarck-Zeit, teilte mit vielen Studierenden das Erlebnis einer zweckfreien Studienzeit und verliebte mich in diese neue Welt und in meine Kommilitonen.

Zunächst war es ein deutscher Student mit blauen Augen, der mir von seinem Leben als junger U-Boot-Offizier erzählte. *Wir waren etwas ganz anderes, hatten nichts mit den Nazis zu tun.* Aber seine Augen, seine Stimme sprachen eine andere Sprache. Kurz verliebt in den Mann, der neben mir stand, verliebt in eine Traumwelt, in der ein Mann neben mir stehen sollte, der mich als Gleiche anerkennt und mich als die andere, die Fremde, versteht. Verliebt in eine imaginäre Welt. Die Welt, die ich damals in den USA Heimat nannte.

Auf die Frage, warum ich Geschichte studiere, suchte ich in meinen ersten Studienjahren nicht nach Antworten. Ich genoss einfach die Ausflüge meiner Professoren in ferne Vergangenheiten. Dass Geschichte etwas mit unseren Beziehungen untereinander zu tun hat, dass sie sich bei näherem Hinschauen als eine sehr komplizierte und zugleich sehr einfache Beziehungsgeschichte, als ein Gewebe, das ein Abtrennen von Beziehungen nicht zuläßt, begriff ich damals nicht. Ich wußte, dass meine Vorstellung vom Glück zu zweit nicht stimmte, dass sich für mich in Deutschland ein Partner, der mit meinen diffusen Vorstellungen von meinem Lebensentwurf zusammenpasste, nicht finden lassen würde. Immer wieder war ich aufs Neue verliebt, aber niemals war es die große Liebe: Hermann-Josef, Hans-Joachim; ach, warum immer diese fatale Abkürzung: H.-J.?

Ich ahnte, dass ich niemals einen deutschen Mann heiraten würde. Aber warum nicht? Das machte ich mir nicht klar.

Es war im 4. Semester, als ich John kennen lernte. John, der etwas ältere, erfahrenere Student, der links-liberale Ästhet, der aus Oxford kam, der zum Kreis meiner in München um Ninne Kalkreuth versammelten Freunde und Freundinnen gehörte, alles Söhne und Töchter aus dem Kreis des deutschen Widerstandes. Damals schrieb John für den »New Statesman«, saß neben mir im Auditorium Maximum während der großen Hauptvorlesung von Franz Schnabel und war mein Tanzpartner auf dem großen Faschingsball im Haus der Kunst. Ich hatte es John zu verdanken, dass ich mich langsam in eine Welt der Kunst, der Literatur, der Politik hineintastete und dass ich diese neuen Erfahrungen in Einklang mit meinem eigenen Leben zu bringen suchte. Wir – John und ich – lasen zusammen mit befreundeten Studenten die *Duineser Elegien* von Rilke, den Kommentar zu Rilkes Elegien von Romano Guardini auf dem Schoß. Gern gingen wir gemeinsam ins Konzert. Nach einer Aufführung von Benjamin Britten erzählte mir John von seiner Homosexualität. Ich nahm daran keinen Anstoß. Die feindselige Haltung meiner Eltern John gegenüber führte allerdings zu immer größeren Konflikten. Noch heute grübele ich über die tieferen Ursachen der Ablehnung meiner Eltern nach. Väterliche Eifersucht mag zutreffend sein. Diese Antwort ist aber nicht ausreichend.

Lange erzählte mir mein Vater von der Knabenliebe bei Platon. Wir saßen – wie so oft – zusammen auf dem Ecksofa in seinem Arbeitszimmer. Der platonische Dialog, das Gastmahl, das über die Knabenliebe philosophiert, gehörte zu seiner Lieblingslektüre. Hier wurde die Knabenliebe als höchster Ausdruck schöpferischer Kraft besungen. Mein Vater sprach auch von Diotima, die Sokrates immer gerne

Mit meinem Vater, Reinhard und Neffen Bernhard

als Autorität zitierte. Dass Diotima vom Gastmahl, vom Gespräch der Männer, ausgeschlossen wurde, erwähnte mein Vater nicht. Diese Unterhaltungen mit meinem Vater auf dem Ecksofa hatten mich stets verwirrt. Mein Vater kommentierte, die Knabenliebe sei ein geistiger, nicht ein körperlich-sinnlicher Vorgang. Ich fühlte mich bei dieser gemeinsamen Lektüre unbehaglich. Ich war nicht mehr die kleine Philosophin aus der Zeit meiner Kindheit. Ich war eine Frau, die sich seiner Macht entziehen wollte.

Die Beziehung zu John gewann unerwartete Dimensionen. Nach zähen Verhandlungen willigten meine Eltern in einen gemeinsamen Besuch von John und mir zur Giorgione-Ausstellung in Venedig ein. Auf die Begleitung durch meine Freundin Marianne – als Aufpasserin – hatten sie bestanden. Auf dieser Fahrt nach Venedig in einem alten, von John erstandenen Wagen kamen mir meine ersten Bedenken. Unser Wagen stand auf dem Campingplatz in Mestre, die Kälte kroch hinein in der Nacht, und es gab nur eine Decke. John nahm sie für sich. Ich fühlte mich nackt, verlassen, allein. Venedig, die Stadt der Verliebten. Nein, ich fühlte mich an der Seite von John erbärmlich.

Ich wollte möglichst schnell nach Hause zurückkehren. Inzwischen hatte sich die Ablehnung meines Vaters John gegenüber ins Fantastische gesteigert. Er sei ein Spion. Er untergrabe die Sicherheit der Republik. Er habe behauptet, meine Mutter sei verrückt, gehöre in eine Anstalt. Eine tief sitzende Angst ergriff mich. Wilde Kobolde nahmen von mir Besitz. Warum bedeutete er für unsere Familie eine solche Gefahr? Was wusste er? Wollte er meine Mutter bloßstellen? War ich für ihn eine jüdische Emigrantin? Damals konnte ich diese Fragen nicht stellen. Ich hatte nur Angst, wollte weg von meinen Eltern, weg aus München, weg, weit weg; auch weg von John.

Ich bekam ein Stipendium für das Mädchen-College *Connecticut College for Women.* Ich hielt diese Tatsache zunächst geheim, da ich wusste, dass meine Eltern einwilligen müssten. Es war kurz vor meinem 21. Geburtstag. Als sich der Konflikt zuspitzte, wurde Pater Rösch als Vermittler hinzugezogen. Ihm gelang es, die Zustimmung meines Vaters zu erwirken. Nach dem Tod meines Vaters fand ich einen dicken Umschlag mit den Unterlagen zur »John-Affäre«. Ich sollte ihn erst nach seinem Ableben öffnen.

Das Studium in den USA bewahrte mich vor falschen Entscheidungen. Es bot mir die Möglichkeit, meinem eigenen Lebensentwurf zu folgen, meiner Vision von der Einheit von Leben und Liebe, meiner Liebe zu den Wissenschaften, meiner Liebe zur Welt und meiner Liebe zum Menschlichen im Menschen konnte ich eine Chance geben. John hatte geschrieben, er ginge zur Fremdenlegion: Das klassische Muster eines in seiner Ehre gekränkten Werbenden.

Ich fühlte mich John nahe, liebte aber auch meine Mutter und meinen Vater. Ich wollte nicht heiraten. Aber ganz allein meinen Weg in meine Zukunft gehen? Liebte ich immer nur das Unvereinbare? Mein Vater hatte John geohrfeigt – ohne Grund hatte er ihn einen Verräter genannt. Ich begriff nicht, warum John für mich, für meine Eltern, für unser Familienleben eine Gefahr darstellen sollte. Ich bewegte mich in einem Netz mir unerklärbarer Lügen. Lügen schützten mich nicht. Sie zerstückelten mich. Ich suchte Auswege. Der nach Vermont emigrierte deutsche Jurist, Soziologe und Philosoph Rosenstock-Hussey und seine Frau luden mich am Wochenende in ihr Haus in den Bergen von Vermont ein. Ich durfte mit Rosenstock-Hussey ausreiten. Lange Ritte in die schneebedeckten Berge von Vermont. Hier erlebte ich glückliche, aber keine klärenden Stunden.

Im *Connecticut College for Women* studierte ich erstmals in meinem Leben ernsthaft, mit großer Befriedigung und mit Blick auf meine Zukunft. Vieles trennte mich von den amerikanischen Studentinnen, die in erster Linie einen geeigneten Lebenspartner während ihres Studiums suchten. Hierzu diente das amerikanische Dating-System, das den Umgang der Geschlechter miteinander regelte. Das Wochenende wurde entsprechend organisiert. Gemeinsame Besuche eines Fußballspieles, Zeit für Zweisamkeit, ein Ball gehörten zum Pflichtprogramm. Ich entzog mich diesem Ritual, indem ich zusammen mit einer brasilianischen Freundin während des Wochenendes lange Stunden in der Bibliothek verbrachte. Wir verachteten das Lebens- und Heiratsmuster der durchschnittlichen amerikanischen Studentin und bastelten an der Verwirklichung unserer eigenen Träume: Befreiung durch Wissenschaft und Beruf.

Unvergesslich sind mir die Seminarsitzungen bei der bedeutenden Wissenschaftlerin Rosamund Tuve, die mich in die englische Dichtung des 17. Jahrhunderts einführte. In Erinnerung bleibt das Seminar zur Politikwissenschaft. Die McCarthy-Ära hatte ihre entscheidenden Opfer gefordert. Ich studierte bei einer liberalen Politologin, die fast ihres Amtes enthoben worden wäre. Diesen Hintergrund ahnte ich nicht, als ich ihre Interpretation der aristotelischen Staatsformen kritisierte. Ich widersprach ihrer Totalitarismus-These, die den Vergleich der aristotelischen Beschreibung der Diktatur mit dem Kommunismus nahelegte, Amerika dagegen in das Reich der Demokratie stellte. Bei meinem Einspruch herrschte Schweigen im Raum. Ich wurde zur Präsidentin des College's bestellt und in einem langen Gespräch über die Lage meiner Professorin belehrt. Nur im Zusammenhang mit ihrer drohenden Entlassung seien ihre platten antikommunistischen Andeutungen zu verstehen. Man wisse, sie sei eine brillante Wissenschaftlerin.

Dieses Gespräch war für mich folgenreich. Die Präsidentin fragte, ob ich nicht in den USA bleiben wolle. Als angehender Wissenschaftlerin stünden mir alle Türen offen. Sie machte mir verlockende Angebote. Ich lehnte allerdings ab. Später fragte ich mich, warum ich nach Deutschland zurückkehren wollte. Ich erlebte in meinem Fachgebiet Amerika als das Land der begrenzten Freiheiten. Ein Land, das mir allerdings ungeahnte berufliche Möglichkeiten bot. Ich entschloss mich, in Deutschland mein Studium mit einer Promotion in Geschichte abzuschließen.

Vor meiner Abfahrt verbrachte ich mit meiner brasilianischen Freundin eine kurze Woche in New York City, um das im College beim Kellnern verdiente Geld gemeinsam mit ihr auf den Kopf zu hauen, um das Leben in New York City, der Stadt, die ich von allen Städten am meisten liebte, zu genießen. Ich hatte die Möglichkeit, wieder im Union

Theological Seminary zu wohnen, Theater und Museen zu besuchen, ein schickes Kleid – grau, schwarz-weiß, eng tailliert, tief ausgeschnitten und mit Glockenrock – zu kaufen und in vollen Zügen die amerikanische Freiheit einzuatmen. Mein Entschluss, nach Deutschland zurückzukehren, blieb fest. Die Schiffskarte hatte ich in der Tasche.

Die USA, das Land der Freiheit? Nein, ich wollte zurück nach Europa. Ich hatte mich entschieden. Wieder war das Gefühl da: *Du gehörst nach Deutschland. Du gehörst aber nur dir selbst.* Diesem Gefühl konnte ich keinen Namen geben. Befragt, *warum bleibst du nicht hier*, antwortete ich meinen amerikanischen Freundinnen und Freunden: *Mir fehlen die Berge, die Farben der deutschen Wälder, die Eichhörnchen, die nur in Deutschland klein und flink, zutraulich, aber auch scheu sind und die ein rötliches Fell haben.* Ich wollte Unvereinbares wieder miteinander vereinen. Die einzelnen Elemente meines Wesens singen und tanzen lassen. Eine ernsthafte Wissenschaftlerin sein. Eine erfolgreiche Frau sein. Eine Frau in Deutschland, die auf ihre Herkunft stolz ist, eine Frau mit vielen Freundinnen und Freunden. Diese Zukunftsbilder erweckten in mir wirre, diffuse Erwartungen. Ich fühlte die Glut meines goldenen Sternes. Ich spürte die Nähe meiner Mutter. *Bleibe, vertreibe die Geister, die mich quälen. Bleibe.* Ich suchte ihre Gegenwart: *Bleibe. Bleibe. In der Fülle deiner Schönheit. In den Falten der Nacht. Lass die Geister heimkehren. In die Falten deines Schoßes, der sie gebar.*

Ich kehrte wieder zurück nach München ins Haus meiner Eltern. Am Historischen Seminar verrichtete ich einmal in der Woche als wissenschaftliche Hilfskraft Bibliotheksdienst. Dabei fiel mir Werner Conzes Aufsatz *Vom Pöbel zum Proletariat* in die Hände. Mit meiner Dissertation zur Staats- und Gesellschaftslehre von Friedrich Schlegel hatte ich schon begonnen, im Bereich der Geschichtswissenschaft hatte ich mich allerdings noch nicht orientiert. Von meinem an der Ideenwelt von Friedrich Meinecke orientierten geschichtstheoretischen Interesse hielt mein Lehrer Franz Schnabel gar nichts. Sozialgeschichtliche Fragestellungen waren ihm fremd. Conzes Aufsatz *Vom Pöbel zum Proletariat* begeisterte mich. Ich beschloss, nach Fertigstellung meiner Dissertation das Studium mit dem Staatsexamen in Heidelberg abzuschließen. Mit dem Widerstand meines Vaters gegenüber einem Studium außerhalb Münchens und einem so fragwürdigen Ziel musste ich rechnen. Die Vorstellung, seine Tochter wolle Lehrerin werden, war für ihn unerträglich. Auch meine neue Beziehung verheimlichte ich ihm. Ich hatte mich mit einem älteren Philosophie-Studenten, Hermann-Josef, angefreundet, einem Spranger-Schüler, der an seiner Habilitationsschrift saß. Wieder offene Fragen. Um allen Schwierigkeiten aus dem Weg zu gehen, wandte ich mich an meine alte Elisabeth-von-Thadden-Schule. Frau Walz, eine der Schulleiterinnen, versprach mir ihre Unterstützung.

Zum zweiten Mal wurde die Elisabeth-von-Thadden-Schule für mich zu einem Zuhause. Allabendlich versah ich den Telefondienst und verdiente auf diese Weise monatlich 200 Mark, genug zum Leben und zum Genießen der neuen Freiheit. Im Historischen Seminar in Heidelberg traf ich Margarethe, eine frühere Münchner Studentin, die zu meiner besten Freundin wurde. Sie wohnte in Ladenburg, in der Nähe der Thadden-Schule. Nach meinem *Stöpseldienst* – so nannte ich die Bedienung des Telefons – in der Schule fuhr ich mit der OEG, der Heidelberger Straßenbahn, zu ihr. Gemeinsam saßen wir im Garten, genossen die Leberwurstschnitten aus der Küche der Thadden-Schule und unterhielten uns über das Studium, über Männer und über unsere Lebensziele.

Mit Margarethe

Die Freundschaft mit Margarethe, mit ihrer Mutter, ihrem Vater und ihrer Schwester war für mich das Wichtigste in dieser Zeit. Eine neue Welt öffnete sich mir. *Meiner Mutter kann ich alles erzählen. Ein uneheliches Kind, das wäre auch kein Problem für sie.* Ich war von dieser Lebensmöglichkeit fasziniert; bin oft mit Margarethe zu ihrer Mutter nach Düsseldorf gefahren. *Mutti*, so nannte ich Margarethes Mutter, hatte in der NS-Zeit ihrer zweiten Tochter den Namen Eva gegeben. In der Familie von Margarethe fühlte ich mich geborgen.

In Heidelberg spitzten sich dagegen meine Probleme zu. Nur langsam begriff ich, was es hieß, zur Conze-Schule zu gehören. Sozialgeschichte war für mich anfangs ein Zauberwort. Den antikommunistischen Kontext dieser Spielart der westdeutschen Sozial- und Strukturgeschichte begriff ich erst viel später. In München hatte ich meine Promotion erfolgreich abgeschlossen, war inzwischen DFG-Stipendiatin und steuerte im traditionellen Sinne auf die Habilitation zu. Trotz meiner Bedenken gegenüber einer Universitätslaufbahn konnte ich mir für mich eine Alternative nicht vorstellen. Ich schrieb an meinem Buch *Die Kirche im Ringen mit dem Sozialismus*, übernahm einige Artikel am begriffsgeschichtlichen Wörterbuch von Conze/Brunner und bewegte mich im Kreis der Conze-Schüler und Schülerinnen. Als Theodor Schieder meinen Wörterbuch-Artikel *Kirche* ablehnte, weil er nicht genügend Luther-Zitate enthalte, geriet mein Vertrauen in die Objektivität der Heidelberger Geschichtswissenschaft erstmalig ins Wanken. Sollte ich, um meinem Lehrer zu gefallen, bekannte Luther-Zitate in meinen Aufsatz aufnehmen? Die Theorie-Diskussion um die Begriffsgeschichte befriedigte mich nicht. Meine Erwartungen an eine neue sozial- und strukturgeschichtliche Sicht der Geschichte erfüllten sich nicht.

Die große Vorlesung von Werner Conze über den Nationalsozialismus hatte mich beeindruckt. In eindringlichen Worten erzählte er, wie er als junger Wehrmachtssoldat an der Front die Nachricht vom 20. Juli 1944 erhielt und wie tief ihn diese Nachricht getroffen habe. Er habe den Attentatsversuch gegen Hitler als Verrat am deutschen Volk empfunden. Ich war von seiner scheinbaren Offenheit ergriffen Es war das erste Mal, dass ich an einer deutschen Universität eine Auseinandersetzung mit dem Nationalsozialismus erlebte.

Franz Schnabel, selbst ein liberaler Katholik und bekannter Gegner des Nationalsozialismus, las am liebsten über das Reformationszeitalter. Sein eigenes Werk zur deutschen Geschichte galt dem 19. Jahrhundert. Die Bismarck-Zeit war aus meiner damaligen Sicht Zeitgeschichte. Als das Institut für Zeitgeschichte seinen Sitz in München bekam, wies Schnabel nur widerwillig auf diese Institution hin. Den durch Hans Rothfels in die Diskussion gebrachten Vorschlag, Zeitgeschichte – eine Zeit, die er mit der Russischen Revolution im Jahr 1917 beginnen ließ – zu lehren, lehnte Schnabel ab. Es sei zu früh, um sich als Historiker mit der eigenen Zeit, mit der Zeit nach 1917 oder gar mit dem Nationalsozialismus zu befassen. Als emigrierter jüdischer Historiker und Meinecke-Schüler hatte Rothfels ein Signal gesetzt, das in meiner Studienzeit überhört wurde.

Mit Scham denke ich heute zurück an meine damalige Begeisterung für die scheinbar liberale Geschichtssicht von Werner Conze. Dass Conze in der NS-Zeit als Dozent an der Königsberger Universität tätig gewesen ist, dass er in dieser Funktion öffentliche Vorträge zur Entjudung des Ostens gehalten hat, wusste ich in meiner Heidelberger Zeit nicht. Dass sein Freund, Theodor Schieder, dessen Arbeiten mich damals beeindruckt hatten, dem NS-System gedient hatte, ahnte ich auch nicht. Erst später erfuhr ich, dass Schieder nicht in die Archive gehen musste, um seine Informationen zur NS-Siedlungspolitik zu gewinnen. Er brauchte nur seine eigene Schreibtisch-Schublade zu öffnen, denn er hatte selbst die Gutachten zur stufenweisen Entjudung des Ostens für die NS-Machthaber verfasst. Diese Zusammenhänge durchschaute ich nicht in meinen Heidelberger Studienjahren. Ich glaubte damals, eine kritische Studentin zu sein, war stolz darauf, im Kreise um Conze Fritz Fischers Buch *Der deutsche Griff nach der Weltmacht* öffentlich diskutieren zu können. Ich begriff nicht, dass die wichtigsten Fragen zur jüngsten deutschen Geschichte, die Fragen, die mich angingen, in diesem Kreis vermieden wurden. Ich merkte nur, dass ich mich im Conze-Kreis nicht wohl fühlte. Im Seminar von Conze lernte ich Hans-Joachim, einen Spätheimkehrer, kennen. Eine innere Stimme sagte mir: *Nein, nein! Nein zu Hans-*

In meiner Heidelberger Studentenbude

Joachim. Nein zu der Luft der Heidelberger Universität, die ich nicht länger einatmen wollte. Nein zu Conze.

Als eine frühere Münchner Mitdoktorandin anfragte, ob ich mich um den neu errichteten Lehrstuhl für *Geschichte und ihre Didaktik* an der Pädagogischen Hochschule Bonn bewerben wolle, ergriff ich gerne diese Gelegenheit. Ich wusste nicht, was sich hinter der geheimnisvollen Lehrstuhl-Bezeichnung: *Geschichte und ihre Didaktik* verbarg. Niemand konnte es mir erklären. Aber das war für mich genau das Richtige. Ich bewarb mich.

In der Heidelberger Zeit habe ich einiges über die verschlungenen Wege der historischen Wissenschaft und des historischen Denkens gelernt. Auf das Abenteuer, eine Historikerin in Deutschland zu werden, wollte ich mich einlassen. Den Weg über die Didaktik der Geschichte, die ich als eine Theorie des Lehrens und Lernens der Geschichte verstand, begrüßte ich. Mein bisheriges Studium der Geschichtswissenschaft hatte mich von der Begegnung mit meiner eigenen Geschichte noch abgeschirmt. Die tieferen Gründe für mein historisches Interesse blieben mir in dieser Zeit noch verborgen. Es waren Studienjahre, vor allem unbeschwerte Jahre der Verliebtheit. Ich liebte – ohne Erklärung, ohne Grund; ich suchte nicht nach Erklärungen, nach Gründen. Ich blieb in jenen Jahren glücklich, für eine kurze, lange Ewigkeit. Erst viel später gab ich diesem Glück einen Namen: Am 17. August 2000 schrieb ich in mein Tagebuch: *Es ist ein großes Glück, ein Judenkind zu sein. Ein großes Glück.*

Weil das Paradies in mir wurzelt

Über die geraden und über die krummen Lebenswege ist viel philosophiert worden. Rückblickend spreche ich am liebsten von der Spiralbewegung, die von mir, meinem Körper und meinem Leben Besitz ergriffen hat. Während ich in den Kurven wirbele, weiß ich nicht, ob es nach oben oder unten, nach rechts oder links weitergeht. Es gibt aber einen Kompass, auf den ich mich verlassen kann. Er schlägt aus nach einem eigenen Rhythmus und nach einem eigenen Maßstab, nach meinem Rhythmus, nach meinem Maßstab. Er steht mit anderen, fernen Rhythmen im Bunde, Rhythmen, die ich langsam entziffere als die Musik meines Lebens, die schon vor mir von meinen Müttern gesungen wurde. Diese Musik hörte ich auch in Heidelberg, als ich zum Katholizismus konvertierte.

Für meine Konversion gibt es viele Erklärungen: Ich war allein im protestantischen Heidelberg. Die klugen Reden meiner Kommilitonen im Anschluss an die sonntäglichen Predigten der Heidelberger Theologen, die kultur-protestantische Überheblichkeit meiner Umgebung stießen mich ab. Ich fühlte mich leer. Stunden verbrachte ich in dem dunklen Raum einer katholischen Kirche in der Altstadt: Weihrauch, eine feierliche Liturgie, eine barocke Fülle und ein Studentenpfarrer aus dem Schwarzwald mit einer schlichten Frömmigkeit – all dies zog mich an. Ich suchte etwas, das den Namen Familie, den Namen Heimat trug. Genaues wusste ich nicht. Meine Notizen aus dieser Zeit sind Gebete, quälende Fragen und drängende Bitten um Erhörung. *Frage:*

Inwieweit steht noch die Wissenschaft in diesem Dienst Gottes? Bitte: meine Gedanken zu lenken, dass sie nicht von der scheinbaren Eigengesetzlichkeit der Wissenschaft beherrscht werden. Bitte: dass ich nicht begehre, besonders kein Wissen, das der eigenen Seele schadet und niemandem nutzt.... Bitte, dass ich das richtige Maß erkenne, dass alles, was ich in Gebrauch nehme, letztlich dazu hilft, Gott zu loben.

Ich rang mit der Frage der Freiheit: *In allen Dingen Gott erkennen, wenn wir unsere Freiheit Gott geben, in der Freiheit unserer Wahl Gottes Willen erkennen und gehorchen.* Ich suchte nach einem Maß: *Auch die verborgenen Absichten Gottes anerkennen, seine Unerforschlichkeit lieben. Ich will keinen Gott nach meinem Maß.* Ich geriet an Grenzen: *Wie meinen Beruf gestalten, dass ich Gott die Ehre gebe?* Meine Notizen aus der Heidelberger Zeit: Ausdruck meiner Not.

Während meines USA-Aufenthaltes waren meine Eltern zum Katholizismus konvertiert. Erst nach meiner Rückkehr nach Deutschland hatte ich davon erfahren – eine beiläufige Mitteilung, die mich eigentlich nichts anging. Mich hatte diese Nachricht überrascht, eigenartig berührt und tief verletzt. Meine Eltern hatten mich erneut aus ihrer Gemeinschaft ausgeschlossen. Sie hatten in meinen Augen eine christliche Grundregel verletzt, oder hatte ich meinen Eltern mit meinem eigenwilligen Aufbruch in die USA und meiner halbherzigen Rückkehr in ihr Haus eine Verletzung zugefügt? War ich es, die sich aus der Familiengemeinschaft ausgeschlossen hatte? Auf diese Fragen fand ich keine Antwort. Ich wollte es aber anders machen. Die, die sich gegenseitig nahe standen, die sich lieb hatten, müssten sich versöhnen, ehe sie zum *Tisch des Herrn* gehen. Diese Gedanken prägten sich mir ein in der kleinen, dunklen Kirche in Heidelberg. Ich wollte zu einer Familie gehören, die sich an den *Tisch des Herrn* setzt.

Pater Rösch

Die einzelnen Schritte waren nicht leicht. Der verordnete Weg über eine ordentliche Beichte erwies sich für mich als ein fast unüberwindliches Hindernis. In meiner vertrauten kleinen Kirche in Heidelberg hatte ich bei meinem ersten Versuch, eine Beichte abzulegen, völlig versagt. Eingesperrt in den winzigen, dunklen Käfig wurde mir wörtlich schwarz vor Augen; ich sagte kein einziges Wort und taumelte benommen wieder aus dem Beichtstuhl und setzte mich auf meine Bank in der Kirche. Der Studentenpfarrer trat an mich heran und fand tröstende Worte. Ich suchte weiterhin nach einem Ausweg. Ich vertraute dem geheimen Rhythmus, der mich, die Gliederpuppe, mit Wünschen und Sehnsüchten vorantrieb. Ich vertraute mich auch meiner Freundin Margarethe an.

Mit Margarethe unternahm ich eine Schifffahrt von Passau bis Melk. An jeder kleinen Wallfahrtskirche an der Donau wurde angehalten. Margarethe liebte die kirchliche Kunst. Ich versuchte mich auf meine große Beichte vorzubereiten. Lange betrachtete ich die Votivgaben, die Krücken, die ein gläubiger Hans der Hl. Maria dargebracht hatte als Dank für seine wundersame Heilung, die Tafeln, die erzählten, wie der Hl. Florian das Feuer zum Erlöschen gebracht hatte und die kleine Anna heil in die Arme ihrer Mutter legte, und wie der Hl. Aloisius ein Schiff mit der gesamten Mannschaft bei Sturm und Gewitter aus Seenot errettete, die vielen Tafeln mit Dank an die Hl. Maria für die glückliche Geburt eines Kindes. In diese Welt der geheimnisvollen Tauschgeschäfte wollte ich eintreten; die Tür blieb mir verschlossen.

Wieder zurück in München unternahm ich einen erneuten Versuch, die Beichte abzulegen. Ich meldete mich bei Pater Rösch zur Beichte an. Die Beziehungen zu Pater Rösch hatte ich schweren Herzens wieder aufgenommen. Er schrieb mir nach Heidelberg, gratulierte mir zu meinen erfolgreichen Prüfungen und zu meinem Forschungsstipendium: *Mit der damit verbundenen großen Ehrung und dem monatlichen Stipendium. Das ist eine feine Sache und für Ihre Eltern eine große Freude.* Pater Rösch schloss seine Zeilen mit einem Segensgruß: *Für heute Gott befohlen. Ich gedenke Ihrer in der täglichen Messe. Mit besten Grüßen und Wünschen im Herrn, Ihr getreuer Pater Rösch, S.J.* Ich war zuversichtlich, als ich den Beichtstuhl betrat. Ich hatte mir jeden einzelnen Punkt der Beichte eingeprägt, ihn mir immer wieder vorgesagt, war entschlossen, dieses Mal – wie verlangt – die Beichte abzulegen.

Zunächst ging alles gut. Pater Rösch sprach die Absolution. Als ich den Beichtstuhl verließ, fiel mir jedoch ein, dass ich meine Beziehung zu John verschwiegen hatte. Was gab es da aber zu beichten? Ich kam mir lächerlich vor,

Romano Guardini

kehrte jedoch um, sah Pater Rösch noch im Beichtstuhl sitzen und trat wieder hinein. Ich begann zu stammeln, ich müsse etwas nachholen, hätte etwas vergessen, hätte ihm nichts von meiner Beziehung zu John erzählt.

Bei der Erwähnung des Namens John geriet Pater Rösch in eine mir unerklärbare Wut. Ich hätte ihm etwas vorsätzlich verschwiegen, etwas sehr wichtiges. Das sei eine schwere Sünde. Ich hätte ihn angelogen. Pater Rösch nannte mich eine Lügnerin.

Zum zweiten Mal war mein Versuch, den Weg zurück zu meiner Familie zu finden, gescheitert. Ich bin ihn trotzdem weitergegangen. Die Konversion vollzog ich in München im Hause meiner Eltern. Meine Mutter freute sich, als ich bei Fürstenberg für meine Konversionsfeier ein weißes Kleid mit zarten grünen Schweizer Stickereien kaufte.

Über meine missglückte Beichte habe ich ihr nichts erzählt. Sie wusste nicht, dass ich niemals wieder zur Beichte gehen würde.

In der Zeit meiner Konversion gewann ich in Romano Guardini einen liebevollen, einfühlsamen Begleiter und guten Freund. Er wurde mein Taufpate. Der Briefwechsel mit ihm hatte mir in meiner Heidelberger Zeit Kraft, Zuversicht und Orientierung gegeben. *Spiritus sanctus docebit nos omnia.* Der Heilige Geist lehrt uns alles, hatte er mir in seinen Briefen zugerufen und das omnia = alles unterstrichen. Ich hatte mit ihm meine ersten Gedanken zur Geschichtstheorie ausgetauscht.

An dem auf die kirchliche Feier folgenden Frühstück am runden Biedermeier-Tisch im Esszimmer meiner Eltern nahm er als einziger Gast teil. Romano Guardini war sehr ernst. *Vergiss nicht, dass du auch eine Protestantin bist. Das musst du auch bleiben.* An der Eucharistie-Feier nahm Guardini nicht teil, weil er – wie er mir erklärte – schon früh die Messe gefeiert hatte. Das hatte mich gekränkt. Eucharistie, ein Liebesmahl. Warum solche Regeln? Warum solche Ausgrenzungen? In meinen Aufzeichnungen aus den letzten Tagen vor der Konversion bitte ich Christus: *Dass du eingehst unter mein Dach, nicht ich, sondern Christus in mir lebt.* Es stehen da noch weitere Gebetsfetzen: *Erstarke in mir die Bereitschaft, dir in Gehorsam nachzufolgen, den Wunsch, aus Liebe zu dir an deinem Leid teilzuhaben.* Leidensmystik: *Mein Opfer ist immer unvollkommen, nur du kannst es durch die Wunder deines Leidens heiligen zu einem genehmen Opfer. Lass mir immer dein Leid gegenwärtig sein, dass ich mich vergesse. Ich bitte, bleibe bei mir.* Die Konversion bildete einen neuen Mittelpunkt in meinem Leben. In meinem Tagebuch heißt es: *Gott hat mich nach seinem Ebenbild geschaffen. Ich bin durch Sünde von ihm getrennt, doch meine Seele ist unruhig, sehnt sich nach der Nähe Gottes. Unser Herz ist geschaffen zu dir hin. Es ist krank, wenn es nicht dich loben und dir dienen kann.*

Mein Briefwechsel mir Guardini wurde intensiver. Bis zu seinem Tod besuchte ich ihn in München. In den letzten Jahren in seinem Bett liegend, teilte er mir seine Gedanken, vor allem seine tiefen Zweifel mit. Kierkegaard war ihm stets nahe, aber er sprach auch gern von der geheimnisvollen Verbindung von Selbstliebe und Gottesliebe bei Pascal. Romano Guardini – für mich der gläubige Zweifler. Er stellte immer neue Fragen. Was wäre gewesen, wenn Jesus länger gelebt hätte, wenn er eine Familie gegründet hätte, wenn, wenn? Er liebte es, weiter zu fragen, als er glaubte, fragen zu dürfen. Und dann kam er wieder auf das, was er das Besondere der christlichen Botschaft nannte. Nur das Christentum habe den Mythos überwunden und den Weg vom Mythos zum Logos geöffnet. In immer neuen Bildern spekulierte Romano Guardini über diesen Weg vom Mythos zum Logos, den auch wir dank der christlichen Botschaft von dem Fleisch gewordenen Wort Gottes gehen könnten. Ich hörte geduldig zu – aber ungläubig. Weihnachten 1962 schenkte er mir sein Buch *Der Gegensatz. Versuch zu einer Philosophie des lebendigen Konkreten*, eine schon 1925 veröffentlichte Schrift, seine Habilitationsschrift, die er der theologischen Fakultät in Bonn vorgelegt hatte und die abgelehnt worden war. Dieses Buch war 1955 neu aufgelegt worden. Er wollte mit mir darüber sprechen.

Romano Guardini nannte dieses kleine Büchlein seine wichtigste Arbeit. Der erkenntnistheoretische Grundgedanke dieser Schrift, die Frage nach der Verbindung von Begrifflichem und Lebendigem, begleitete ihn lebenslang. *In vielerlei Form, richtig und verzerrt, maßvoll und verstiegen*, wie er selbst es bescheiden und selbstkritisch in seiner Vorrede aus dem Jahre 1925 ausdrückte. Die Lebendigkeit im Konkreten, der Weg zum lebendigen Wort, die Begegnung und die Erfahrung von Nähe und Fremdheit, die schmerzliche Notwendigkeit, in Gegensätzen denken zu müssen. Hiervon erzählte Guardini, oft voller Trauer, oft von Schmerzen überwältigt. Bei diesen Besuchen schwieg ich lange. Wir schwiegen beide.

Die Erfahrung körperlicher Schmerzen bildete eine Brücke zwischen Romano Guardini und mir. Er litt an Trigeminus, einem qualvollen Nervenschmerz im Gesicht, einem Leiden, dem ich in der Heidelberger Zeit ausgeliefert war. Mir hatte diese Krankheit dunkle Stunden bereitet, so begriff ich einiges von Guardinis Not.

Das Gespräch an seinem Krankenbett wurde stets nach einer gewissen Zeit – etwa einer halben Stunde – unterbrochen. Das Mariechen trat ein, drückte Guardini den Rosenkranz in die Hand und sagte glaubensstark und mit größter Entschlossenheit: *Herr Professor. Jetzt beten wir.*

Leise schlich ich mich aus dem Krankenzimmer, hörte die kräftige Stimme der Haushälterin: *Gesegnet seiest du Maria*, glaubte zu spüren, wie Guardinis Schmerzen nachließen, wie sich seine Gesichtszüge entspannten. Mariechen verkörperte für mich alles, was ich ersehnte: Sie gab Antwort auf die Fragen, die Guardini bis zu seinem Tode begleiteten. Ihre weichen Bewegungen verkörperten die Lebendigkeit des Begriffes, die Lebendigkeit, die Guardini suchte. Sie bewies durch die alltägliche Selbstverständlichkeit ihres Tuns, dass die Überwindung der falschen Gegensätze im Denken möglich sei. An ihr lernte ich auch den Umgang mit falschen dualen Gegensätzen. Ohne Worte zeigte mir das Mariechen, dass die dualen Gegensatzpaare, Mythos und Logos, Glaube und Vernunft und die dualen Geschlechterkonstrukte, männlich und weiblich, keine unüberwindlichen Gegensätze darstellen, sondern aus Angst erzeugte Grenzen des Denkens. Ich beneidete Mariechen. In ihr wurden für mich die christlichen Tugenden Glaube, Liebe, Hoffnung lebendige Wirklichkeiten. In ihr erkannte ich das, was ich suchte: das Paradies. Das Paradies wurzelte in ihr.

Für Guardini war das Mariechen die geheime Lehrerin, die Diotima. Darüber haben wir aber nicht gesprochen. Guardini beachtete die Grenzen, die ihm von der Kirche und von der Tradition gesetzt waren. Die Geschlechtergrenzen akzeptierte er in einer traditionellen Weise. Wie bei Platon war die Diotima die anerkannte Lehrerin, die Frau, die jedoch vom Gastmahl der Männer ausgeschlossen wurde.

Guardini blieb mir zeit seines Lebens ein sehr guter Freund. Als ich mich um die ausgeschriebene Stelle für Geschichtsdidaktik an der Pädagogischen Hochschule Bonn bewarb, schrieb er für mich ein Gutachten. *Ich werde nicht allzu euphorisch über dich schreiben*, sagte er mir mit einem lustigen Zwinkern in den Augen. *Das könnte dir nur schaden.* Nach seinem Tod fand sein Freund Felix Messerschmid, der sich für die politische Bildung nach 1945 in Deutschland einsetzte, im Nachlass von Guardini ein von mir verfasstes Manuskript mit dem Titel *Warum studieren wir Geschichte?* In einem Brief vom 10. März 1969 fragte Messerschmid bei mir an, ob vielleicht ich die Verfasserin sei. *Ich vermute, vom Stil her zu schließen, Sie als Verfasserin.* Messerschmid schrieb im Namen der Herausgeber der Zeitschrift *Geschichte in Wissenschaft und Unterricht: Die Herausgeber von GWU würden sich freuen, das Manuskript bringen zu können.* Die letzte Zeile lautete: *Übrigens muss es R. G. sehr geschätzt haben. Manuskripte von anderen Autoren hat er ganz selten aufbewahrt.* Über diese Zeilen habe ich mich sehr gefreut. Romano Guardini schrieb für mich kein Gefälligkeitsgutachten. Ein guter, sehr guter Freund, ein feinsinniger, zweifelnder Diplomat in der großen Kirche des Herrn.

Weil das Paradies in mir wurzelt. Krumme Wege, gerade Wege. Vor mir liegt der große Kasten voller kostbarer Rosenkränze, den mir Guardini *mit der warmen Hand*, wie er zu sagen pflegte, schenkte. Die Rosenkränze erzählen viele, viele Geschichten, Geschichten auch von dem wunderbaren Zusammenfallen der Gegensätze, von der Überwindung der Dualismen, von einer Sprache und von Bildern der Menschlichkeit. Manche dieser Rosenkränze hatte Mariechen in der Hand, als sie mit Romano Guardini betete. Zwischen Guardini und Mariechen herrschte eine wunderbare, geheimnisvolle Arbeitsteilung: Die ungleichen Tauschverhältnisse zwischen Mann und Frau waren für kurze, glückliche Augenblicke der Ewigkeit aufgehoben. An diesem Tauschgeschäft, dem glückhaften Geben und Nehmen, nahm ich teil. Hierfür gibt es keine Erklärung. Oder doch? Weil das Paradies in uns wurzelt.

Die Emanzipationsgeschichte einer Tochter aus gutem Hause

Was ist das Ende der Liebe? Die alte Frau antwortete: *Die Liebe hat kein Ende. – Warum nicht? – Du Dummkopf*, antwortete die alte Frau. Weil die Geliebte kein Ende hat. Die alte Frau hat Recht. Ich will jetzt von meiner Emanzipationsgeschichte, von der Emanzipationsgeschichte einer Tochter aus gutem Hause erzählen. Ich muss aber eigentlich von der Emanzipationsgeschichte zweier Töchter aus gutem Hause sprechen. Und diese Geschichte hat kein Ende. Sie begann während meines Studiums in München.

Bei allen Unterschiedlichkeiten gab es bestimmende Gemeinsamkeiten in meinen Emanzipationsbestrebungen und denen meiner Freundin Anna. Wir waren beide Lieblingstöchter, beide der Augapfel eines autoritären, stets Güte ausstrahlenden Vaters. Wir beide hatten einen älteren Bruder, der alles besser wusste, alles zur Rettung der gefährdeten Schwester unternahm und stets im Auftrage des Vaters handelte. Und wir beide sprachen viel über unsere Väter und wenig über unsere Mütter. Bei diesen Gemeinsamkeiten traten – zumindest scheinbar – die Unterschiede zurück. Annas Vater, ein Spitzenmanager, der seine ganze Kraft für den Sieg des Nationalsozialismus eingesetzt hatte, lief nach 45 mit einer Kapsel in seiner Tasche herum. Es könnte ja sein, dass er, wie die anderen in Nürnberg, zur Rechenschaft gezogen werden würde. Es kam aber anders. Die USA hatten die Bedeutung der NS-Wirtschaftselite für die deutsche Nachkriegswirtschaft und für die Durchsetzung ihrer eigenen politischen Ziele schnell erkannt. Der erfolgreichen Zukunft des Vaters von Anna stand im Zeichen des westdeutschen Wirtschaftswunders nichts im Wege.

Als sich die beiden Väter zum ersten Mal begegneten, traten zu unserem großen Erstaunen die Unterschiede im Leben des NS-Wirtschaftsführers und des emigrierten deutsch-jüdischen Philosophieprofessors, der lebenslang an dem Gedanken des idealen Staates festhielt, völlig in den Hintergrund. Es entstand zwischen ihnen eine heimliche, eine unheimliche Verwandtschaft und Interessengemeinschaft. Anna und ich freuten uns über die gute Verständigung. Emanzipation hieß damals für uns: sich befreien, möglichst ohne Gewalt, von der väterlichen Herrschaft. Bildung und Beruf waren für uns beide der geeignetste Weg, dieses Emanzipationsziel zu erreichen.

In meiner ersten Begegnung mit Anna liegt ein Schlüssel zu unserer Freundschaft. Mit einer Freundin von Anna hatte ich eine Wanderung in den bayrischen Bergen gemacht; verschwitzt, etwas ermattet und gut gelaunt waren wir im großen Haus von Annas Eltern in Solln bei München eingetroffen. Anna bewirtete uns mit Tee und Plätzchen und erzählte stolz von ihrer Emanzipation. *Ich wollte mit dem Heiner Schmidt ausgehen, wollte ihm eine anständige Jacke kaufen, da griff mein Vater ein und schickte mich mit meinem Bruder nach Paris. Ich sollte auf andere Gedanken kommen.*

Anna war von zu Hause weggelaufen, hatte sich gewehrt. Geschichten dieser Art kannte ich, nicht zuletzt aus eigener Erfahrung. Von zu Hause weggehen, einen eigenen Studienweg wählen, einen eigenen Freundeskreis aufbauen, all das hatte ich ja auch versucht. Irgendetwas an der Geschichte von Anna rief meinen Widerspruch hervor. Obgleich ich sie zum ersten Mal sah, wurde ich plötzlich scharf und überdeutlich: *Sie machen sich etwas vor, das ist keine Emanzipation, nur lauter Halbheiten.* Meine selbstgefällige Kritik, mein Hinweis auf einen Widerspruch galt uns beiden. Es war der Beginn einer langen und guten Freundschaft. Sie dauerte mehr als 30 Jahre.

Wir besuchten beide die Hauptvorlesung von Romano Guardini im überfüllten Auditorium Maximum der Münchner Universität. Die Damen der Münchener Gesellschaft besetzten die ersten Reihen. Trotz der großen Zahl von Menschen herrschte im Raum eine erwartungsvolle, fast ehrfürchtige Stille, als der kleine, schwarz gekleidete Mann den Saal betrat und mit einer dünnen, hohen, aber strengen Stimme zu sprechen begann. Etwa über das Numinose bei Walter F. Otto. Über religiöse Anschauungen in den Weltreligionen. Anna und ich hörten beide mit der gleichen gespannten Aufmerksamkeit zu, mitgerissen von der sanften Stimme des Redners und den unruhigen Erwartungen der Zuhörer. Nach der Vorlesung bat ich Anna zu Tee und Plätzchen im Hause meiner Eltern. Unsere Gespräche führten von der Guardini-Vorlesung zu weiteren Fragen unserer Lebensgestaltung und des Lebenssinnes.

Wir waren beide Konvertitinnen, beide beseelt von dem Eifer der Jungbekehrten. Und so planten wir gemeinsam Tagesausflüge in die bayrischen Berge, die wir beide sehr liebten. Nach dem Wandern und Schwimmen im See blickten wir abends beim Weißbier auf die mondbeschienene Landschaft. Wir ahnten, dass uns sehr vieles verband: Allgemeine Zukunftsvisionen und eigene Lebensentwürfe verschmolzen in diesen glücklichen Stunden zu einem großen Bündel von Zufriedenheit. Äußerlich gingen unsere Wege in den nächsten Jahren auseinander. Anna machte in Münster Examen als Realschullehrerin, und ich ging nach Heidelberg. Aber unsere Freundschaft festigte sich; eine Italienfahrt zusammen mit meiner Freundin Margarethe, weitere

Begegnungen in Heidelberg, Maulbronn und München und ein reger Briefwechsel sicherten die tiefere Verankerung unserer Verbindung. Entscheidend wurde das Jahr 1964, als ich nach Bonn berufen wurde. Für mich begann eine neue Stufe in meiner Emanzipationsgeschichte. Auch Anna entschied sich, nach Bonn zu ziehen, um ihr Studium fortzusetzen und sich finanziell auf eigene Füße zu stellen. Und schließlich entschlossen wir uns, unsere eigenen Emanzipationsschritte gemeinsam zu versuchen. Wir zogen zusammen und bildeten eine Lebens- und Wohngemeinschaft.

Die Geschichte zweier Töchter aus gutem Hause. Sie blieb für mich eine halbe Emanzipation. Sie glich der Emanzipation, die ich später aus der Geschichte der bürgerlichen Frauenbewegung des späten 19. und 20. Jahrhunderts, an den Lebenswegen von Frauen wie Gertrud Bäumer und Helene Lange kennen lernte. Diese Frauen trennten sich von den Bedingungen ihrer Herkunftsfamilie, ohne zu heiraten. Sie stellten sich nicht unter die Obhut eines Mannes. Damit haben sie aber den Zwiespalt der patriarchalen bürgerlichen Gesellschaft nicht überwunden. Sie unterschieden weiterhin streng zwischen ihrem privaten und ihrem öffentlichen Leben. Ihre feministischen Visionen und Emanzipationspraktiken waren stets von einem Zwiespalt geprägt. Mit den bürgerlichen Frauen und Protagonistinnen der Frauenemanzipation teilte ich diese Unentschiedenheit, nahm sie intellektuell wahr, schrieb kluge Sätze darüber und machte es mir in dem von mir kritisierten Widerspruch bequem. Ich habe nicht, zumindest nicht an der Oberfläche meines Bewusstseins, an dem Geschlechterdualismus, den ich reproduzierte, gelitten.

In den ersten Jahren meines Berufslebens in Bonn traf ich mich öfters mit Anna. Wir standen beide vor der gleichen Frage: die Vereinbarkeit von Beruf und Leben. Wir kamen uns näher, wir träumten von Frauen-Wohngemeinschaften, von Säkularinstituten und manchem mehr. Anna zog in meine neue Wohnung in Schwarzrheindorf mit dem wunderbaren Blick auf die Schwarzrheindorfer Doppelkirche, auf ein blühendes Dahlienfeld und auf den Rhein. Wir waren damals entschlossen, gemeinsam Beruf und Berufung, Leben und Arbeit als Einheit zu verwirklichen und unseren Alltag als ein gemeinsames alltägliches Plebiszit zu verstehen.

Während meiner Berufsjahre bildete die Beziehung zu Anna das Zentrum meines Lebens. Sie gab mir die Sicherheit, die ich für mein Amt brauchte. Sie sorgte dafür, dass ich Feste feiern konnte. Mein Haushalt, bisher ausgestattet mit Löffeln und Gabeln aus dem Kaufhaus, bekam versilbertes Besteck von Württemberg Metall. Kompetent und resolut nahm Anna die Fragen in die Hand, wenn ich zögerlich, ängstlich war. *Wen sollen wir einladen? – Natürlich musst du den Dekan der PH einladen, auch wenn er dich anschwärmt. Und auch deine alten Uni-Freunde. Das kriegen wir schon hin.*

Mein Berufsleben drohte an meinen Beziehungen zu Männern außer Kontrolle zu geraten; Beziehungen, die immer komplizierter wurden. Als einzige Frau unterwegs auf Kongressen zog ich mich lieber allein in mein Hotelzimmer zurück. In der Regel verkehrten Anna und ich mit Ehepaaren, die auch uns als ein gut funktionierendes Paar betrachteten. Die gemeinsame Zustimmung zu einem geordneten bürgerlichen Familienleben bildete die Grundlage unserer Moralvorstellungen und die stillschweigende Voraussetzung für das gute Zusammenleben mit einem breiten Freundeskreis, der die Tabuzonen der westdeutschen Gesellschaft beachtete.

Anna war die gute Freundin, die zuhörte. Gemeinsam lasen wir – vor allem in den Sechzigerjahren – linke Autoren, *Vertreter der Frankfurter Schule* wie Horkheimer und Adorno. Feministisch bestimmte Lebenswege und Gedankengänge waren mir damals noch fremd. In einem geschützten und gespaltenen Raum machte ich es mir als Berufsfrau zusammen mit Anna in einem schönen Zuhause bequem. Ich lebte in der oberflächlichen Scheinwelt eines säuberlich gespalteten Lebens, getreu dem Spiegelbild meiner Umwelt. Eine halbe Emanzipation, eine im patriarchalen Denksystem, in patriarchalen Lebensformen und Moralitäten stecken gebliebene Emanzipation. Ich fühlte mich im Netz schützender Lügen wohl.

Die Visionen, die unser gemeinsames Leben prägten, verschwanden in diesen drei Jahrzehnten nicht. Anna und ich bildeten eine Schutz- und Trutzgemeinschaft, angetreten, sich durch Freundschaft und berufliche Selbstständigkeit aus der väterlichen Gewalt zu lösen. Wie eine unliebsame, unerledigte Aufgabe verkrochen sich meine tiefsten Probleme, meine Beziehung zu meinem Vater, meine Sprachlosigkeit als Person jüdischer Herkunft. Anna wurde für mich immer mehr zu einer Schutzmantel-Madonna. Ich willigte in dieses arbeitsteilige Verhältnis ein, ich bildete mir sogar ein, es sei für uns beide gut. Ein großer Trugschluss. Ich erkannte nicht, dass mein damaliges Bild der Schutzmantel-Madonna ein Trugbild war. In dieser Zeit blieb für mich Maria die Madonna der patriarchalen Kirchenlehre, die unterwürfig und stets in Demut zu dem Mann spricht: *Dein Wille geschehe* und die ihre weibliche Herkunft leugnet. Ich nahm nicht wahr, dass diese Maria ihre eigene Mutter, die Stamm-Mutter Eva, die Mutter aller Lebendigen, verriet, dass sie die weise Schlange mit ihren Füßen zertrat. Damals vertraute ich dieser patriarchal gespaltenen, verstümmelten Maria, die sich im patriarchalen Symbolsystem zur Handlangerin der *ecclesia triumphans* instrumentalisieren ließ.

Dieses kostbare Gewebe aus Illusion und Vision zerfiel für mich nur langsam. Kaum merklich. Anna, ähnlich meiner Schutzmantel-Madonna, verkörperte lange für mich eine Heil spendende Ganzheit, nicht die halbierte Frau, die die Kirche brauchte, um Ordnung in die Dinge zu bringen. Im grellen Licht dieser Erinnerungen trennen sich die einzelnen Stränge des kunstvollen und machtvollen Mischgewebes, das mich damals umhüllte.

Unsere Väter waren einander mit Respekt, mehr noch mit Hochachtung und Sympathie begegnet. In dieser Begegnung lag ein deutsches Muster der Nachkriegsversöhnung, dem ich mich langsam entzog. *Im Ausflug der toten Mädchen* hat Anna Seghers die Lebenswege ihrer Schulfreundinnen beschrieben, Mädchen und Frauen, die alle nur durch die Verleugnung der früheren Freundschaft überlebt hatten. Alle hatten sie ein schweres Leben. Die deutsche Marianne starb einen schrecklichen Tod ebenso wie die von ihr verleugnete Jüdin Leni, die an Hunger und Krankheiten im Konzentrationslager zugrunde ging. Und nur durch die Verleugnung ihrer Herkunft überlebte die Tochter der Leni die Bombardements und wurde von der Gestapo in ein abgelegenes Nazi-Erziehungsheim gebracht. Anna Seghers schilderte einen mörderischen Kreislauf: Verleugnen, um zu überleben.

Diesen Kreislauf wollte ich durchbrechen. Wir beide, Anna und ich, suchten einen Weg der Versöhnung ohne Verleugnung. Diesen Weg gehen wir heute weiter – getrennt. Ich kann nicht beurteilen, ob ich das Bild der Schutzmantel-Madonna schon damals in einer umfassenden, offenen, freien Weise interpretiert habe. Heute ist diese Schutzmantel-Madonna für mich eine Verkörperung menschlicher Möglichkeiten, die in einer langen Tradition weiblicher Lebensentwürfe und Visionen stehen. Sie drückt für mich matriarchales Selbst- und Weltbewusstsein aus.

Damals führten Anna und ich ein Leben nach dem Muster unserer Eltern. Wir bezogen ein großes Haus, zunächst zur Miete, dann, als die Miete immer teurer wurde, bauten wir uns in einer Reihenhaussiedlung mitten in einer Villengegend ein eigenes Zuhause. Mit Garten, herrlichem Blick auf den Rhein und das Siebengebirge. Ein Haus mit vielen Räumen. Für mich verkörperte es *das Haus* schlechthin. Wir gingen unseren jeweiligen Berufen nach, suchten beide nach mehr beruflichem Erfolg und ergänzten uns im Rahmen traditioneller sozialer Erwartungen. Trotz unserer Ablehnung der geschlechtsspezifischen Arbeitsteilung hat sie sich dennoch eingeschlichen: Anna kochte, verkörperte die gute Hausfrau, pflegte eine häusliche Gesellschaft. Ich war für diesen Rahmen dankbar und entsprach immer mehr dem Bild des unpraktischen Professors und trennte zwischen Beruf und Leben. Somit reproduzierten wir gemeinsam die bekannte Spaltung von Öffentlich und Privat und verfestigten sie in unserem alltäglichen Ja zu unserem Leben. In unseren Gesprächen beim Frühstück oder abends beim Abendbrot und Wein redeten wir viel von einer Gleichheit, die auch die Gleichheit der Geschlechter beinhaltet, und haben die hehren Begriffe *Toleranz* und *liberal* gerne benützt. Ich blieb die brave Tochter aus gutbürgerlichem Hause und schrieb gescheite Aufsätze über die Übel einer geschlechtsspezifischen Spaltung unserer Welt.

Aber wie kam es zum Bruch dieser Freundschaft? Für mich hatte ich einen Feminismus entdeckt, den ich in meinem Alltag leben wollte. Ich suchte nach einer gelebten Verwirklichung meiner Gedanken zur Anerkennung von Differenzen und zum Glück in der Erfahrung von Gleichheit. Zunächst spürte ich die Spaltung in meinem Leben, ohne ihr einen Namen geben zu können. Heute spreche ich von der feministischen Vision der Ganzheit.

Im Gegensatz zu vielen meiner Freundinnen liebte ich

das Bild des Hauses und der *tüchtigen Hausfrau*. Die *tüchtige Hausfrau* war für mich ein Vorbild. Ich schätzte die Frau, die ihr Haus in weiser Voraussicht führte und viele Menschen heranlockte. Sie war für mich wie die Königin von Saba die Verkörperung der Weisheit. Nicht der König Salomon, sondern die Königin von Saba symbolisierte für mich die Weisheit. Sie sprach: *Kommt her, genießt von meiner Speise und trinkt den Wein, den ich gemischt.* Vor diesen Verlockungen hatte der König Salomon gewarnt: *Lasst von der Torheit, dass ihr lebet und schlagt den Weg der Einsicht ein.* Diesen Dualismus wollte ich überwinden. Ich wollte dem Vorbild der Königin von Saba, der klugen Frau, nacheifern. *Die Königin von Saba, die die Kunde von Salomon und die Kunde von dem Hause vernahm, dass Salomon für den Namen Jahwes gebaut hatte, kam, um ihn mit Rätseln auf die Probe zu stellen.* (1. Buch der Könige 10. Vers 1 ff.). Ich suchte durch neue Fragen an mein eigenes Leben nach Klarheiten. Meine Kopfgeburten führten inzwischen ihr Eigenleben. Sie drangen nicht in mein eigenes Leben, in unser Leben ein. Sie sollten mich nicht in meinem Alltag stören.

Das Leben mit Anna war weiterhin schön. Ich genoss den mir bisher unbekannten Luxus: eine Ferienwohnung in Österreich, längere Aufenthalte in Südfrankreich. In meinem Tagebuch notierte ich am 17. April 1984: *Ein voller Hörsaal. Ich merke wieder, wie gerne ich lehre. Ganz im alten Stil. Allerdings viel Resonanz bei den Studenten.* Die Eintragung vom nächsten Tag lautet: *Zuhause gearbeitet. Abends mit Anna auf den Rolandsbogen. Wir freuen uns auf die Feiertage.* Am Karfreitag schrieb ich: *Den ganzen Tag als Geschenk verstanden. Sehr glücklich gewesen. Osterspaziergang mit Anna – d. h. ein Einkaufsbummel. Meine Ostergedanken will ich in den Alltag, in das Alltägliche übersetzen. Anna begreift das. Das genügt.*

Reinhard zu Besuch

Mehr als zehn Jahre vergingen, bis etwas in Unordnung geriet. Anna hatte ihr Schlafzimmer im ersten Stockwerk verlassen und wollte in die Küche. *Nein, Eva kommt mir nicht ins Haus. Ich ziehe sonst aus. Entweder – oder.* Der Anlass war banal, grotesk. Eva, eine jüdische Bonner Studentin, die 1935 aus rassistischen Gründen die Universität verlassen mußte, war von der Stadt Bonn zur Begegnungswoche eingeladen worden. Ich wollte sie zu einem Besuch auffordern. Aber plötzlich war Angst im Raum, Wut, Wut.

Anna stand unbeweglich, drohend auf der obersten Treppenstufe. Ich begriff. Wir werden nicht zusammen alt, nicht unter einem Dach alt. Ich bleibe allein. Trauer umhüllte mich, machte mich stark. Die Zeit der Liebe hat einen Anfang. Die Liebe kennt kein Ende. Sie weiß von der Notwendigkeit der Trennung. Ich ging zur Tür hinaus.

In den letzten Monaten unseres Zusammenseins wurde der Schutzmantel der Anna immer mehr zum beengenden Panzer. Das gemeinsame Leben erstarrte, die eigene Geschichte, die sich immer mehr von meinem verzerrten Bild der Schutzmantel-Madonna entfernte, forderte insgeheim und unwiderruflich ihr Recht. Mein Verlangen nach meiner Eigen-Geschichte sprengte die Mauern, die ich zusammen mit Anna um mein Leben aufgebaut hatte. Mehr Eigenständigkeit bedeutete jetzt für mich die Zulassung meiner Differenz, das Ja zu meinem goldenen Stern, das Vertrauen zu mir selbst und die Fähigkeit, Anna den einfachen Satz zu sagen: *Ich bin anders als du.*

Die stellvertretende Verwaltung dieser Differenz konnte ich nicht mehr zulassen.

Es war ein schmerzhafter Prozess. Diesen einfachen Satz *Ich bin anders als du* zu sagen, ohne zu verletzen, fiel mir schwer. Dabei spürte ich gerade diese Differenz, dieses Anderssein so heftig, dass ich einen anderen Weg gehen musste, allein ohne Anna. Mit anderen Frauen, die meine Differenz als eine lebendige, nicht zerstörerische Kraft akzeptieren.

Die Erfahrung von Differenz und Gleichheit gehört für mich zu den kostbaren und schmerzlichen Erlebnissen meines Lebens. Nach 30 Jahren guter, gemeinsamer Schutz- und Trutzbündnisse musste ich den Panzer zerstören. Ich trug die Vision einer lebendigen Lebenseinheit, die in der Liebe zum Anderssein ein Leben der Gleichheit anstrebt, in meine neue Lebensphase hinein.

Anna mit Judy und Bernhard Kuhn

Damals gab es böse Szenen. Hass und Angst herrschten im Raum. *Wir müssen miteinander reden.* Anna wollte nicht reden. *Geh nicht zur Hochzeit.* Anna drohte. Es ging um die Hochzeit ihrer Nichte. *Du musst absagen. Du stellst nur unpassende Fragen. Du wirst den Bräutigam fragen, wie viele Zwangsarbeiter sein Vater beschäftigt habe. Sag ab. Ich bestehe darauf.* Unserer beider Vergangenheiten drängten sich wie schwarze Gestalten zwischen uns. Die Vergangenheit ihres Vaters, den sie verehrte, die Vergangenheit meines Vaters, den ich nicht als meinen alleinigen Erzeuger anerkennen wollte. Ich wollte mich nicht länger an den geheimen Übereinkünften des Schweigens unserer Väter beteiligen. Mit Anna reden. Das gelang damals nicht. Ich sagte dem Brautpaar meine Teilnahme an ihrer Hochzeit ab. Anna kaufte sich einen schicken Hut, holte aus dem Banksafe ihren kostbarsten Schmuck und fuhr allein zur Hochzeit. Ich suchte neue Wege.

Immer wieder las ich das Gedicht von Hilde Domin *Abel steh auf* vor. Meine Lieblingszeilen wiederholte ich, indem ich die Anrede vertauschte: *Annette, steh auf, damit es anders zwischen uns allen werde. Annette, steh auf. Die Karten werden neu gemischt.* In diese Zeit des Suchens gehörte auch die Wiederentdeckung von Wisława Szymborskas Gedichtband *100 Freuden*, den mir Anna geschenkt hatte. Mit einem von ihr beschriebenen Lesezeichen *Ein lieber Pfingstgruß, von deiner Anna* verwies sie auf ihr Lieblingsgedicht auf der Seite 86: I*ch glaube an die große Entdeckung. Ich glaube an den Menschen, der die Entdeckung macht. Ich glaube an die Angst des Menschen, der die Entdeckung macht.*

Nachdem wir uns getrennt hatten, verstand ich besser, warum Anna dieses Gedicht so sehr liebte. Wir beide hatten Angst vor der Entdeckung, die wir jede für sich machen mussten. An dieser Angst zerbrach unsere Freundschaft. Noch liegen die Scherben dieser gebrochenen Freundschaft um mich herum. Langsam, sehr langsam fügen sie sich wieder zusammen. Ein Bild entsteht, das nicht mehr mit Illusionen zugekleistert ist. Die Karten werden neu gemischt. Ich entwerfe das Bild meiner Schutzmantel-Madonna neu. Wir trennten uns, eine unverbrauchte Treue ist geblieben. Lebenskreise weiten sich mit neuen Rhythmen für mich aus. Pu-artig brumme ich vor mich hin:

Gliederpuppe, Hampelfrau.
Steh auf, die Karten werden neu gemischt.
Wer zieht an deinen Strippen?
Ach, lass sie ziehen. Ich gehe nicht kaputt.
Ich bin ganz. Ich bin heil. Ich werde wieder tanzen.
Ich bin geboren unter einem glücklichen Stern.

Ich lebe jetzt allein mit meinem goldenen Stern, erfahre die Kraft der gelebten Differenz und die Stärke im Überfluss der Liebe. Ich vertraue dem wundersamen Zusammenspiel von gelebter Gleichheit und der Anerkennung von Differenz in einem herzlichen Freundinnenkreis. Ich bewege mich in Rhythmen der Freiheit.

Semiramis und andere weise Frauen

Gliederpuppe. Hampelfrau. Wann fing ich an, erwachsen zu werden? Bei meiner Geburt in dem Exilkörper meiner Mutter? Als ich mit dreieinhalb Jahren in Haselmere in kindlicher Fehleinschätzung meiner Möglichkeiten und der realen Welt die Hand meiner Mutter ergriff, sie sehr fest hielt und ihr zuflüsterte: *Wir schaffen es. Wir beide. Wir schaffen es?* Erst im Alter spüre ich, wie sehr ich in all diesen Ansätzen, erwachsen zu werden, meiner Mutter ähnelte, wie sehr ich ihr nacheiferte. Nach ihrem Tod entdeckte ich eine Fotografie, die sie als 15-jähriges Mädchen zeigt. Ein klarer, herausfordernder Blick, volle, leicht geschwungene Augenbrauen, dichtes dunkles Haar, ein etwas rundliches Gesicht mit hohen Backenknochen. Wir sahen uns ähnlich.

Meine Mutter war stets anwesend, als ich in mein Berufsleben hineinwuchs. Ich begriff aber nicht, dass ich wie sie werden wollte. Ich wurde immer als Vater-Tochter beschrieben. Das bin ich auch. Wie immer in Fragen der Identität liegen aber die Dinge komplizierter. Während meiner Berufszeit fühlte ich stets die Nähe meiner Mutter. Zum Lebensweg meines Vaters und zu einem Leben an der Seite eines Mannes sagte ich immer wieder: *Nein. Nein* sagte ich, als John aus unerwiderter Liebe in die Fremdenlegion gehen wollte. *Nein* zu Hermann-Josef. *Nein* zu Hans-Joachim. Nein zu den flüchtigen Männerbekanntschaften, als die Worte fielen: *Wir sind doch das ideale Paar. Du könntest ja …, und ich werde …*

Die Bilder der idealen arbeitsteiligen Zukunft zwischen

einem Mann und mir schreckten mich immer wieder von neuem ab. Ich lehnte die ungleichen Tauschverhältnisse ab, die meinen Wunschtraum des idealen Paares infrage stellten. Ich fand für meinen Lebensentwurf kein Muster. In den Jahrzehnten eines Berufslebens an der Seite von Anna habe ich die Musterhaftigkeit nicht erkannt, die ich später in den vielen von Frauen gewählten Wegen gefunden habe, die die Gleichzeitigkeit von drinnen und draußen, von ich und du in ihrem Leben erfolgreich zu verwirklichen suchten. Trauer mischt sich in diese Erinnerungen. Eine Freundschaft zerbrach; eine Liebe erstarrte. Sie wurde zur leeren Larve.

In meiner Kindheit und in den vorberuflichen Jahren meines Erwachsenwerdens umgaben mich gute Geburtshelferinnen. Frauen hatten mich und meine Familie gerettet, die französische Philosophin Jeanne Herschel hatte meinem Vater zur Flucht nach Frankreich verholfen; die Professorinnen Meta Miller und Bernice Draper haben zusammen mit der Philosophin Catherine Gilbert für seine Berufung in die USA gesorgt. Akademikerinnen, die anders als meine Mutter nicht von der Zäsur des Jahres 1933 in ihrer Existenz betroffen waren, Frauen einer selbstbewussten, an der Universität ausgebildeten Frauengeneration prägten meine frühesten Vorstellungen eines Frauenlebens. Auch die in die USA emigrierten Freundinnen meiner Mutter halfen mir bei meiner Orientierung. Käthe Riezler, die mich mit ihren Gaben beschenkte: kostbare seidene Schals und viele nutzlose Gegenstände, die mich bezauberten.

In den Jahren in Chapel Hill besuchte uns öfters »die Sponerin«, die Physikerin Herta Sponer, die ihrem Lebensgefährten, dem Atomphysiker Frank, aus Deutschland ins Exil gefolgt war und in den USA eine für deutsche Frauen unvorstellbare akademische Karriere machte. Die »Sponerin« schenkte uns unseren ersten Dobermann, meinen Freund

Schülerin in der Baldwin School

Boris. All diese Frauen haben tiefe Spuren in meinem Leben hinterlassen, Bilder, die immer neu zu Vorbildern werden, lebendige, stets sich verändernde, aber in einem tiefen Kern gleichbleibende Bilder von den Möglichkeiten meines Lebens. Das waren meine Geburtshelferinnen.

Die Jahre in der Fremde waren reich an Begegnungen mit Frauen, die ich bewunderte, die mir signalisierten, dass ich

Meine Mutter als 15-jähriges Mädchen

mich bei meiner Reise auf ihre Lebenserfahrungen verlassen konnte. Ich war bei meiner Reise nicht allein. Stets umgab mich meine Mutter, die mir ihre Märchenwelt schenkte, die mir zurief: *Glaube mir, meine kleine Kinderschar, all diese schönen Märchen sind wahr.* Auf dem Hintergrund ihres verschlossenen Lebens vermittelte sie mir die Botschaft: Das Leben ist schön.

Zugleich prägte mich das Vorbild meines Vaters, seine Liebe zur Philosophie, sein Verweis auf etwas, was ich später mit den Namen Sophia und Diotima verknüpft habe. Gerne zitierte er in einem Ton der trauervollen Selbstironie den Satz aus einer Oper von Carl Orff, die wir gemeinsam im Marionetten-Theater in München besucht hatten: *Ach! Hätte ich nur auf meine Tochter gehört.* In einer weniger freundlichen Stimmungslage fügte er dann hinzu: *Ach, welch' Natter habe ich an meiner Brust genährt.* Von der weisen Schlange, mit der ich mich so gerne in meiner neuen Symbolwelt unterhielt, wollte er nichts wissen. Auch nichts von den Frauen in meiner Märchenwelt, nichts von Semiramis, der Königin von Assyrien, die angeblich 800 Jahre vor unserer Zeitrechnung gelebt hatte und die auch zu meinen Geburtshelferinnen gehört.

Ich betrat wie mein Vater die Welt der Wissenschaften. Zugleich lehnte ich ihren Anspruch auf Normierungsmacht ab. Während meines Erwachsenwerdens entstanden Bilder vorbildlicher Frauen, Bilder, entnommen dem realen Leben und zugleich den märchenhaften und mythologischen Erzählungen von Frauen. Auf diesem Weg begleitete mich Semiramis wie ein leuchtender Schatten. Sie begriff meine Not, die Not der Gliederpuppe, der Hampelfrau, der Frau, die sich noch nicht selbst bewegen, selbst ausdrücken konnte.

Die Geschichte der sagenhaften Königin Semiramis wird über die Jahrhunderte hindurch mit immer wieder neuen Ausmalungen erzählt. Semiramis gehört zu den beliebten Projektionsflächen für unsere Wünsche, für die Träume von Frauen und die Ängste von Männern. Es heißt, Semiramis habe Babylon gegründet und eines der sieben Weltwunder, die berühmten *hängenden Gärten der Semiramis*, gebaut. Auch sei sie die erfolgreiche Eroberin des gesamten Mittleren Ostens bis zum heutigen Indien gewesen.

Die Geschichten der Semiramis, die männlichen Fantasien entsprungen sind, unterscheiden sich von den Nacherzählungen der Frauen. Männer berichten von der angsterregenden, herrschsüchtigen Semiramis. Semiramis erscheint in ihrer Tradition als Mann-Weib, als entartetes weibliches Wesen, das wider die Gesetze der Natur lebt. Sie habe die Männer ihres Hofes kastrieren lassen. Im Tempel durften nur Eunuchen als Priester dienen, und schließlich habe sie, um ihren Thron zu sichern, mit ihrem Sohn Inzest getrieben. Sie habe damit gegen die grundlegendste Kultur stiftende Norm der menschlichen Gesellschaft verstoßen.

Anders lautende Erzählungen finden sich in der Erzähltradition der Frauen. Nach Christine de Pizan, einer Schriftstellerin des frühen 15. Jahrhunderts, war Semiramis eine herausragende Frau, die alle Menschen ihrer Umgebung an Tapferkeit und Stärke des Herzens übertraf. Sie war so unübertrefflich, dass die Menschen »von damals« sie als Schwester Jupiters und als Tochter des Gottes Saturn verehrten. Mit einem verächtlichen Ton spricht die aufgeklärte Renaissance-Dichterin Christine de Pizan von den törichten Menschen von damals, die an Göttinnen und Götter glaubten. Sie kritisiert aber auch die männlichen Gelehrten, die nicht in der Lage seien, den symbolischen Gehalt der mythologischen Erzählung von Semiramis zu begreifen. Mit ihrer Nacherzählung kehrte sie auf geniale Weise die männlichen Ursprungs- und Schöpfungsmythen um. Weder Gewalt noch Kriege, noch die Beschneidungen der Sexualität bilden in der Mythenwelt der Christine de Pizan den Anfang unserer Geschichte. Die vertraute Erzählung von Saturn, der von seinem Sohn Kronos kastriert wurde, verliert in der Sicht der Christine de Pizan ihre Kultur stiftende Macht. Auch meine Geburtshelferin, der ich den Namen Semiramis gerne gebe, folgt der Erzähltradition der Christine de Pizan.

Christine de Pizan berichtet, wie sich Semiramis in ihrem

Gemach aufhielt, umgeben von ihren Zofen. Während sie ihr Haupthaar kämmte, erfuhr Semiramis von einem Aufstand in ihrem Reich. Sie sprang sofort auf und schwor, dieses Unrecht wieder gutzumachen. Sie ließ dabei ihren einen Zopf ungeflochten. Erst wenn sie den Sieg über ihre Feinde errungen habe, würde sie ihre Haare wieder flechten.

Mit wild aufgelösten Haaren erschien Semiramis auf dem Kampffeld. Sie versetzte die aufsässigen Untertanen ihres Reiches damit derart in Schrecken, dass sie die Flucht ergriffen. Von nun an wagte es niemand mehr, sich gegen sie zu erheben. Um an ihren Sieg zu erinnern, sei eine Statue aus Erz gegossen worden, die Semiramis als Fürstin mit einem Schwert in der Hand darstellt. Ihr Haupthaar ist auf der einen Seite geflochten, auf der anderen offen. Somit verkörpert Semiramis die Überwindung des Dualismus von Ordnung und Chaos, von Sitte und Wildheit und stiftet neue, nicht dualistische Normen. Das ordentlich geflochtene Haar ist als ein Ordnungsideal in ihrer Person vereinbar mit dem Bild der wilden, kühnen Frau. Das Konstrukt vom Inzest-Tabu als Ursprung der menschlichen Gesellschaft wird als ein männliches Fantasiegebilde entlarvt, geeignet, eine patriarchale Genealogie zu legitimieren und eine weibliche Genealogie zu entmachten.

Christine de Pizan war sich der Bedeutsamkeit der weiblichen Erzähltradition bewusst. Daher betonte sie die Rechtmäßigkeit der »Heirat« der Semiramis mit ihrem Sohn. Es habe damals kein geschriebenes Gesetz gegeben. Christine de Pizan räumt ein, Semiramis habe eine gewaltige Verfehlung begangen, doch nicht gegen die Tugend als universale Norm verstoßen. *Vielmehr lebten die Menschen nach dem Gesetz der Natur, das einem jeden gestattet, ohne dass er damit ein Verbrechen beging, das zu tun, was das Herz ihm eingab.*

Ich teile diese Deutung der Semiramis von Christine de

Pizan. Für mich taugten auch die männlichen Bilder von mir als Frau nicht. Sie waren für mich ungeeignet, um mein eigenes Selbstverständnis zu entwickeln. Daher gehört Semiramis mit ihrem geflochtenen und mit ihrem ungeflochtenen Zopf zu meinen Geburtshelferinnen. Mit ihren Normierungsbrüchen und eigenwilligen Normsetzungen verkörpert sie die Kraft der Definitions- und Normierungsmacht und der Selbstautorisierung, die ich für mich suchte. Ich wollte diesem alten Frauenmuster entsprechen: mal wild, mal scheinbar hysterisch, mal wieder ordnungsliebend und Sinn stiftend. Ich wollte nach meiner Natur handeln. Meine Natur entsprach nicht der bornierten, halbierten männlichen Naturauffassung der Aufklärungsphilosophie.

Rückblickend auf die Brüche in den ersten drei Jahrzehnten meines Lebens, behaupte ich heute, ich hätte mich ganzheitlich oder nach allgemeineren, umfassenderen, universelleren Handlungsnormen verhalten. Immer noch suche ich nach den richtigen Wörtern für dieses Handeln. Ich finde sie erst, wenn ich mich an den wilden Haarsträhnen der Semiramis und zugleich an ihrem dicken, geflochtenen Zopf festhalte. Dann spüre ich die Hand meiner Mutter, die ich als Kind ergriff und niemals loslassen wollte. Die ich aber losließ. Wieder sehe ich meine Mutter vor mir. Sie lacht, sie freut sich, wir tanzen zusammen. Wir beide stehen in der Tradition der Semiramis und bewegen uns frei nach den Rhythmen ihrer Normierungs- und Definitionsmacht. Wir tanzen nach der Melodie der vielen klugen Frauen, von denen uns Geschichten überliefert sind. Zu diesen Frauen gesellen sich Ma'at, die ägyptische Königin der Gerechtigkeit, Sophia, die Göttin der Weisheit; Isis, verehrt als Göttin, aus der alles Leben hervorging, und Eva, die Mutter aller Lebendigen, mit ihrer Tochter Maria. Der Reigen wird immer größer. Die symbolischen Frauen stehen für die Gerechtigkeit auf Erden und im Himmel. Im Himmel? Ja, der

Himmel, der unter mir, in mir und irgendwo neben mir, vielleicht auch über mir ist. Auf jeden Fall der Himmel, den ich sehe, wenn ich fest die harte Erde unter meinen Füßen spüre. Meine Erinnerungswege decken meine Umwege auf, Umwege über die katholische Kirche, über einen Glauben an einen Vater-Gott, der seinen Sohn ans Kreuz schlagen ließ. Umwege, die mich in die Nähe meiner eigenen Ursprünge führen. Umwege, die ich erst heute im Lichtstrahl meines goldenen Sternes mit seinen dunklen Schatten erkenne. Im Schutz dieses Erinnerungsgeflechtes beginnt die Gliederpuppe, die Hampelfrau zusammenzuwachsen, damit sie ihre eigene Geschichte weitererzählen kann.

Gliederpuppe, Hampelfrau
streng dich an.
Wer zieht denn alles an deinen Strippen?
Bist du noch ganz, noch heil?

Im Spiegel entdeckte ich Promethea, meine Begleiterin im Berufsleben.

Freue dich, Gliederpuppe, Hampelfrau
Promethea wird dir helfen.
Denn ich will das Spiel weiterspielen.
Komm, tanz mit mir, sing mit mir
Gliederpuppe, Hampelfrau. Wir bleiben ganz.

II.

PROMETHEA –
MEINE BEGLEITERIN
IM BERUFSLEBEN

Die Zeichen in den Füssen der Buchstaben

Neben mir hockt Promethea. Sie hat mich während meines 35-jährigen Berufslebens als ordentliche Professorin für mittlere und neuere Geschichte und ihre Didaktik an der Pädagogischen Hochschule, später Universität Bonn begleitet. Dieser Lehrstuhl wurde auf meinen Wunsch und entsprechend einem Antrag der Pädagogischen Hochschule Bonn im Jahre 1985 durch einen Erlass der Kultusministerin Anke Brunn um die Lehrstuhlbezeichnung: »Frauengeschichte« erweitert. In all den Jahren setzte sich Promethea frech grinsend auf meinen Schreibtisch, stampfte geräuschvoll mit ihren Füßen – oder waren es Hufe? – und wurde zornig, wenn sie meine Verzagtheiten durchschaute. Sie war eine unbequeme Begleiterin. Immer wieder schreckte sie mich auf, wenn ich mich mit meinen kleinen Scheinsiegen zufrieden gab und Ruhe suchte. Ich wusste immer um ihre Gegenwart.

Seit meiner Schulzeit in den USA, als ich Dichterin werden wollte oder vielleicht auch Schauspielerin, liebte ich das Paraphrasieren. Die unsterblichen Worte großer Dichter und großer Dichterinnen wollte ich einfangen, besitzen und in meinem Sinne mit neuem Leben erfüllen. Etwa die berühmte Rede des Antonius am Grabe Caesars, der mit den Worten von Shakespeare sprach: *Friends, Romans, Country men, lend me your ears. I come to bury Caesar, not to praise him,* schwirrte wochenlang in meinem Kopf herum. Sie nahmen neue Rhythmen an, schwangen weit aus in ferne Zeiten, mit unerhörten Wörtern. Meine Lehrerin lobte mich damals, nannte dieses Paraphrasieren fantasievoll und kreativ. Mein Vater war entsetzt. Ich beging in seinen Augen ein Sakrileg, nur möglich in diesem barbarischen Land des Exils mit seiner Sucht nach hemmungsloser Freiheit. Ich fühlte mich aber in der Sprache meines Exillandes zu Hause, wollte hineinschlüpfen in die Füße der Buchstaben, wollte mit den Wortzeichen spielen, bis Englisch, meine erste Sprache, und Deutsch, meine Muttersprache, sich zu neuen Sprachgebilden zusammenfügten.

Meine Lust am Paraphrasieren hörte auch in Deutschland nicht auf, sie färbte ab auf meine Bemühungen, das Zauberwort Heimat zu begreifen. Das Spielen mit den Buchstaben wurde mir zur lieben Gewohnheit und trug mir bei meinem Versuch, die deutsche Grammatik zu beherrschen, viel Tadel ein. Fast wäre ich an der Grammatik der deutschen Sprache gescheitert. Als ich mich an der Pädagogischen Hochschule um eine Stelle bewarb und vorsang, kritisierte ein Germanistik-Professor meine Sprache: *Grammatikalisch inkorrekt*. Später, als ich versuchte, verborgene Sinngehalte meiner Muttersprache zu erschließen, trieb ich das Spiel noch weiter. Aus dem Paraphrasieren wurde das Antiphrasieren, eine Kunst, die ich erst spät beim Lesen der feministischen Schriften Christine de Pizans kennen lernte. Sie geht über das Paraphrasieren hinaus. Antiphrasieren heißt, das Gegenteil von dem Gesagten in Betracht ziehen. Erst mit dem Antiphrasieren wuchs die Freude am Denken und Schreiben gegen den Strich zur lustvollen Methode der Umkehrung des in männlichen Denkhorizonten befangenen Wortsinns. In der feministischen Wissenschaft wird dieses Spiel auch »écriture féminine« genannt und ist, wie alle Sprach- und Wissenschaftstheorien, umstritten. Das Bemühen um eine eigene Sprache ist keineswegs, wie so oft von Philosophen behauptet, geschlechtsneutral. Mit den drei Wörtern: *Schreiben, Feminität, Veränderung* hat die

Philosophin Hélène Cixous diese Schreiberfahrung umschrieben. In ihrem Buch von Promethea lernte ich erstmalig Promethea, diese Schwester der Semiramis, kennen. Seitdem feiere ich meine Begegnung mit Promethea regelmäßig. Immer wieder lese ich mich in ihre Körpersprache hinein, mit ihr gehe ich den Rosenweg und merke, Promethea lässt mich beim Schreiben nicht zur Ruhe kommen. *Sie ist groß wie eine Zeder, leicht wie eine Hirschin, einfach episch und halluzinierend.* Die Zeichen, die sie *in den Füßen der Buchstaben* hinterlässt, haben eine Energie, *die meine Seele bis zum Tigris trägt, und dann bis zum Ganges. Ich klammere mich zitternd an, wie die Schildkröte, die von den Wildenten durch die Lüfte getragen wird, ich wage nicht mehr, das Maul aufzumachen.*

Zusammen mit Promethea schreibt sich heute mein Text. Promethea, die ich trotz unserer späten Begegnung schon immer gekannt habe und die ich immer aufs Neue wiederentdecke, ist stets für Überraschungen gut. Jetzt zischt sie mir ins Ohr: *Streng Dich an, erinnere Dich ganz genau, war es nicht doch ganz anders? Denke gründlich nach, weg mit Deinem Netz der bequemen Alltagslügen.*

Prometheas Stimme ist unangenehm; sie krächzt. Während meines Berufslebens habe ich immer wieder versucht, ihr Gebot zu übertönen. Dann plusterte sie sich auf und prahlte, fast wie ihr männliches Gegenbild, und wiederholte den prometheischen, faustischen Satz: *Und ich erschaffe mir meine Welt.* Ihr Gebot lautete: *Schreib dich. Dein Körper muss sich Gehör verschaffen.* Ich wollte dies nicht hören, wurde oft krank, immer wieder sprachlos. Dennoch schrieb ich auf die linke Ecke meines kleinen Zettels: *Ich liebe Dich, mit einer starken und verrückten Hand, die zu allem fähig ist.*

Im Verlauf meiner fünfunddreißig Berufsjahre haben Promethea und ich viele Bücher von Männern gelesen, haben uns vertieft in die alten Schöpfungs- und Ursprungsmythen. Wir haben gelacht über die Geschichte ihres sagenhaften Bruders Prometheus, der angeblich heimlich das Feuer stahl und die erste Frau erschuf. Wir lachten, weil wir es inzwischen besser wussten. Mit Promethea an meiner Seite konnte ich die lustige Clownrolle spielen, konnte paraphrasieren und antiphrasieren. Promethea stampfte allerdings besonders geräuschvoll mit ihren Hufen, als ich zur ordentlichen Professorin berufen wurde. Mit dieser Erzählung möchte ich jetzt beginnen, mit den Zeichen in den Füßen der Buchstaben.

Meine Berufung zur ordentlichen Professorin

Mit einem Brief fing alles an. Meine Mitdoktorandin, inzwischen Assistentin am Historischen Seminar in Münster, fragte bei mir an, ob ich katholisch sei. Wenn das der Fall sei und mich die Sache interessiere, sollte ich mich doch um die ausgeschriebene Professur an der Pädagogischen Hochschule Bonn *Geschichte und ihre Didaktik* bewerben.

Damals arbeitete ich in Heidelberg am Institut für Sozialgeschichte bei Werner Conze. Meine Promotion hatte ich inzwischen erfolgreich in München bei Franz Schnabel abgelegt und strebte bei Conze die Habilitation an. Mein DFG-Stipendium würde bald zu Ende gehen. Die Zukunft an einer deutschen Universität reizte mich nicht besonders. Nichts sprach gegen das Abenteuer, mich mit der Lehrerausbildung zu befassen. Das Unbekannte lockte mich.

In meiner Heidelberger Umgebung konnte ich wenig über die Hintergründe der Ausschreibung erfahren. Ein Lehrstuhl für *Geschichte und ihre Didaktik*. Was um aller Heiligen willen bedeutete Didaktik? Ich hatte das Wort noch nie gehört, und mit dem Begriff Pädagogische Hochschule verband ich nur Unbestimmtes, meist Negatives. Eine Professorentochter sollte diese Institution nach Meinung meines Vaters ignorieren. Die Pädagogische Hochschule in München umschrieb er stets mit den Worten *da draußen in Pasing*. In seinen Augen tat ich etwas Unanständiges. Das Wort Pädagogik nahm er, der Philosoph, nur ungern in den Mund. Für die ablehnende Haltung meines Vaters gibt es viele Erklärungen. Einzeln klangen sie abwegig, ihre Summe ergab schrille Töne, die mir signalisierten, dass ich nur fern von dieser väterlichen Umklammerung meinen Weg finden könne. Die Abneigung gegen die Pädagogik saß bei beiden Eltern tief. Jedes Mal, wenn sich mein Onkel und meine Tante aus Oxford zu Besuch in München ankündigten, trat sie zutage: *Tante Mariele kommt mir nicht ins Haus*, bemerkte kühl und bestimmt meine Mutter. Anschließend wurde stets geschildert, welchen Schaden die Pädagogik insbesondere in der progressiven Richtung der Zwanzigerjahre angerichtet hat, die von Tante Marieles Vater, dem Reformpädagogen Hermann Nohl, vertreten wurde. Als Wissenschaft sei die Pädagogik ein Eindringling, erklärte mein Vater. Sie gehöre nicht an die Universität. *Das tust du uns doch nicht an,* meinte er, als ich zaghaft die Möglichkeit andeutete, Lehrerin werden zu wollen. Ein Staatsexamen als Lehrerin akzeptierte er für seine Tochter nicht. *Du kannst Schneiderin werden,* war seine einzige Antwort.

Zu den geschlossenen Räumen meines Münchener Zuhauses hatte meine Tante aus Oxford keinen Zutritt. Sie, die selbstbewusste Tochter von Hermann Nohl, verkörperte für meine Eltern alles Schlechte, was eine moderne Erziehung nur vermochte – eine emanzipierte Frau, die ohne Rücksicht auf die Gefühle der Anderen ihre Meinung laut und vernehmlich sagte: *Und stell' dir vor, in der Odenwaldschule duzten sich alle – Schülerinnen, Schüler und die Lehrerschaft. Unerhört.* Mein Vater erregte sich immer wieder. Bei diesen Horrorerzählungen meines Vaters hörte meine Mutter stumm zu. Ihre Abneigung gegen meine Tante hatte aber tiefere Ursachen. Mit großen traurigen Augen nickte sie zustimmend. In der umfangreichen Bibliothek meines Vaters befand sich kein einziges Buch von Hermann Nohl. Die Abteilung Pädagogik fehlte in seinem geordneten Bücherkosmos.

Tante Mariele und Onkel Heini in Oxford, 1983

Woher rührte die Trauer, die Angst, die tiefe Abwehr meiner Mutter? Beneidete sie meine Tante, die sich in Oxford zu Hause fühlte, die unbeschwert nach Deutschland reiste, ihre Verwandten aufsuchte und mit ihrer Familie Ferien auf dem ererbten Besitz bei Zell am See verbrachte? Machte Tante Mariele auf der Durchreise in München Station, wurde ich als Unterhalterin vorgeschickt. Ich freute mich auf ihren Besuch. Unsere Begegnungen waren für mich wie eine Reise in ein verbotenes Land. In diesem verbotenen Land errichtete ich mir meine berufliche Zukunft.

Erst beim Aufbau des Lehrstuhls *Didaktik der Geschichte* lernte ich die Gedanken von Tante Marieles Vater und ihre vom pädagogischen Reformgeist geprägte Umgebung näher als mein eigenes wissenschaftliches Umfeld kennen. Ich las die verbotenen Bücher, etwa die von Hermann Nohl 1930 erschienene *Allgemeine Didaktik- und Erziehungslehre* und vor allem Werke des Nohl-Schülers Erich Weniger, der 1949 die grundlegende Geschichtsdidaktik als ein historisches Lehrbuch der Versöhnung und des Vergessens geschrieben hatte. Mit diesem Buch schlug ich mich in meinen nächsten 25 Berufsjahren herum. Mein Kollege Thielen ließ als geschäftsführender Seminardirektor bei jeder Dienstbesprechung ein Exemplar dieses Buches von Erich Weniger mit dem Titel *Neue Wege im Geschichtsunterricht* in einer vierten Auflage aus dem Jahre 1969 feierlich auf den Tisch legen und wies mit seinem langen Zeigefinger auf dieses Werk hin, für ihn der Inbegriff des kanonisierten Wissens über Geschichtsunterricht in der deutschen Nachkriegszeit. Ich dachte bei diesen Gelegenheiten an Tante Mariele, an diese fröhliche Frau, die früh gelernt hatte, ihre Lehrer zu duzen und selbstständig zu denken. Ich liebte ihre Aufmüpfigkeit und ging auf meine Weise mit diesem kanonischen Werk um, in dem die NS-Zeit als kleiner Betriebsunfall dem historischen Vergessen anheimgestellt wurde. Nach 45 kämpfte Weniger dafür, weiterhin Friedrich der Große und nicht einfach Friedrich II. zu sagen. Sein Respekt vor allen staatlichen Vorgaben und vor der etablierten Fachwissenschaft haben bis heute den Geschichtsunterricht zum Nachteil geprägt.

Meine Berufung an die Pädagogische Hochschule Bonn habe ich dem glücklichen Umstand eines bildungspolitischen Aufbruchs in der Bundesrepublik Deutschland zu verdanken. Der Sputnik-Schock hatte die westliche Welt aufgerüttelt. Die Vorstellung der technologischen Überlegenheit der Sowjetunion rief alte Ängste hervor. Georg Picht griff mit seinem Buch *Die deutsche Bildungskatastrophe* Empfindungen der meisten westdeutschen Politiker auf. Die Bildungsreform setzte dann mit einer Reform der Lehrerausbildung ein.

Als ich mich in Bonn bewarb, stand ich kurz vor meinem

30. Geburtstag, hatte Pickel im Gesicht, zog mich schlecht an, war auch viel zu dick. Und ich sollte mich um einen Lehrstuhl auf einem Gebiet bewerben, von dem ich gar nichts verstand. Ich las viel: die Schriften von Eduard Spranger zur Heimatkunde, die gerade in Bonn so populären Bücher von Theodor Litt zum Staat als Basis der politischen Bildung. Die Werke von Friedrich Meinecke, seine Vorstellungen vom Historismus und von der Staatsräson holte ich wieder hervor. Geschichtsdidaktik – auf welchem Fundament sollte diese Disziplin ruhen?

Meine Freundin Margarethe redete mir gut zu: *Das wirst du doch schaffen.* Meine Freundinnen durften aber über dieses Abenteuer nicht laut sprechen. Mein Vater würde zu meinen Ungunsten intervenieren.

Ich beantwortete den Brief meiner ehemaligen Kommilitonin aus München und versicherte ihr, sehr gerne ins Rennen zu gehen, auch sei ich katholisch. Dann beschäftigte mich die Frage, welches Kleid ich bei einer solchen Gelegenheit tragen sollte. Neue Schuhe brauchte ich, auf sie müsste ich unbedingt hinarbeiten. Meine Mutter weihte ich in meinen Plan ein. Sie ging mit mir zu einem Juwelier und schenkte mir eine Halskette, passend zu meinem anthrazit-grauen Kostüm und den eleganten schwarzen Schuhen, die ich bei Röckel in München auf der Maffeistraße kaufte. Ich wollte das Abenteuer eines Berufslebens erfolgreich überstehen.

Inzwischen hatte ich erfahren, dass Geschichte an den Pädagogischen Hochschulen ein *Gesinnungsfach* darstellte. In Nordrhein-Westfalen gab es zu dieser Zeit fünf Pädagogische Hochschulen, zwei katholische, zwei evangelische und eine – das war Bonn –, die beide Konfessionen, evangelisch und katholisch, vertrat. Seit kurzem war ich Katholikin. Ich fragte mich aber, inwiefern diese Tatsache von Belang sei, und dachte an Guardinis Mahnung: *Vergiss dei-*

nen Protestantismus nicht. Guardini war klug mit seinem Lehrstuhl umgegangen, der die merkwürdige Bezeichnung »Christliche Weltanschauung« trug. Obgleich orthodoxer Kirchenmann, interpretierte er den christlichen Alleinvertretungsanspruch auf seine eigene christliche Weise. Über seine Verbindung von Orthodoxie, Liberalität und Menschlichkeit dachte ich viel nach, als ich mich um den Lehrstuhl *Geschichte und ihre Didaktik* bewarb, konnte aber mit der Vorstellung von Geschichte als religiös bestimmbares Gesinnungsfach nichts anfangen.

Als Thema meines Probevortrags wählte ich den anspruchsvollen und vielfach vorbelasteten Titel: *Wozu und weshalb, zu wessen Nutzen und Schaden Geschichte?* Mit diesem Thema hatte ich mich seit meiner Studienzeit auseinandergesetzt, die Schriften von Schiller und Jacob Burckhardt über Sinn und Unsinn der Geschichte gelesen. Jetzt suchte ich sie in meine eigenen Überlegungen einzubeziehen. Ich bin aber den Prämissen dieser Vordenker nicht auf die Spur gekommen. Heute glaube ich, dass mein Erfolg gerade auf der Borniertheit meiner damaligen Gedanken beruhte. Zusammen mit zwölf weiteren männlichen Bewerbern kam ich in die engere Wahl. Mein Vortrag wurde in der katholischen Zeitschrift *Stimmen der Zeit* abgedruckt. Ich meinte damals auf einem gesicherten, geschichtstheoretisch wohl durchdachten Boden zu stehen, auf dem ich weiter machen könnte. Diese Annahme trog.

Als ich mich in Bonn vorstellte, hatte ich noch nicht darüber nachgedacht, was es heißt, eine Historikerin nach Auschwitz zu sein. So konnte ich mein erfolgreiches Vorsingen ungetrübt genießen. Auch das Seminar über die deutsche Revolution von 1918, das ich im Rahmen meiner Bewerbung vor einer studentischen Hörerschaft und einem Prüfungskollegium abhielt, wurde gut aufgenommen, obgleich ich die kontroversen Haltungen in der Geschichtswissenschaft ohne klare Parteinahme meinerseits darlegte. Heute muß ich über diese Form der belanglosen Liberalität lächeln, um nicht zu resignieren.

Etwas problematischer gestaltete sich allerdings meine Unterrichtsprobe in der Hauptschule von Bonn-Beuel. Eine deutsche Volksschule hatte ich noch nie von innen gesehen. Und jetzt stand ich in einem kasernenhaften Gebäude. Vor mir ein Schulrektor, wie ich ihn nur aus Karikaturen und den schlimmsten Erzählungen über preußischen Untertanengeist kannte. Allerdings war die Klasse mit 13- und 14-jährigen Schülerinnen und Schülern hinreißend. Sie freuten sich über diese Vorführstunde, eine angenehme Abwechslung in ihrem Schulalltag. Ich konnte auf ihre Unterstützung rechnen. Und das hatte ich bitter nötig.

Eine Linkshänderin, eine mit leichtem amerikanischem Akzent sprechende Akademikerin, diese Eigenschaften erweckten das Misstrauen des Schulrektors. Mit Angst verbreitenden Gesten schritt er über den Schulhof, zeigte mit seinem Stock auf ein Stückchen Papier, das auf dem Boden lag, und brüllte: *Aufheben!* Als sich dann eine Schülerin artig bückte, das kleine Stückchen Papier aufhob, schritt er zufrieden mit sich und der von ihm beherrschten Welt weiter.

In meiner Unterrichtsstunde behandelte ich die deutsche Revolution von 1848. Am Vortag war Kennedy in Bonn eingetroffen, und die Zeitungen waren voll von seinem Besuch. Ich war eine glühende Kennedy-Anhängerin und benutzte seinen Bonner Auftritt im Namen der Demokratie und Freiheit als Aufhänger. Die Schulklasse machte begeistert mit. Demokratie klar, das ist eine gute politische Zielsetzung, sie betrifft uns alle und so weiter und so fort. Aber jetzt zu den Ereignissen von 1848.

Einen besonders lebhaften Jungen, der sich stets meldete, ehe ich meinen Satz beendet hatte, wählte ich aus, um die Notizen an die Tafel zu schreiben. Ich wollte mich in dieser Umgebung nicht als Linkshänderin zu erkennen geben. Dieser Einfall erwies sich als glücklich. Bald entstand ein wunderbares Tafelbild. Das Thema war abgerundet, die Stunde nahm ein gutes Ende, und ich dachte, jetzt hast du auch das geschafft. Dass der Rektor weniger zufrieden war, war ihm anzumerken. Warum hätte ich nicht mehr von dem Kartätschenprinzen erzählt. Seinen Missmut wagte er nicht deutlich zu artikulieren. Als guter Untertan wusste er, dass seine Macht als Rektor an den Mauern seines Schulhofes ihre Grenzen fand, und er musste ja vorsorgen. Auf alle Fälle. Vielleicht würde diese junge Frau Professorin. Eine Art Vorgesetzte.

Die Berufungskommission einigte sich bald. Ich war die einzige Frau unter den Bewerbern und in mancher Hinsicht weniger qualifiziert als meine männlichen Mitbewerber. Dennoch setzte mich die Kommission auf den ersten Platz der Berufungsliste. Später erfuhr ich mehr über einzelne Vorbehalte hinsichtlich meiner Berufung. Sie wogen schwerer als der Einwand eines Professors der Germanistik, ich hätte einen grammatikalischen Fehler gemacht. In den Augen der Düsseldorfer Regierung und des damaligen Kultusministers Mikat sollte der Bonner Lehrstuhl sich in politischer Hinsicht von seiner Vorgeschichte lösen. Zuletzt hatte die Professorin Renate Riemeck an der Pädagogischen Hochschule Bonn die Geschichte vertreten. Sie war wegen ihrer angeblichen kommunistischen Neigungen abgesetzt worden. Auch ihre Vorgängerin, die Professorin Dr. Klara-Marie Faßbinder, wurde böse verleumdet. Seit den Fünfzigerjahren galt Klara-Marie Faßbinder, das *Friedens-Klärchen*, als eine Gefährdung der deutschen Jugend und wurde öffentlich diffamiert. Im Ministerium wollte man nach den Erfahrungen mit Renate Riemeck und Klara-Marie Faßbinder bei der Besetzung eines in politischer

Hinsicht so sensiblen Lehrstuhls auf Nummer Sicher gehen. Das Ministerium favorisierte einen rechtskonservativen Kandidaten und versuchte mit seinen Mitteln, diese politische Entscheidung durchzusetzen. Die Fakultät der Pädagogischen Hochschule war jedoch entschlossen, sich einen Eingriff in ihre akademische Freiheit nicht bieten zu lassen. Dieser Konflikt zwischen Ministerium und dem liberal denkenden Dekan kam mir letztlich zugute; Professor Schaller, Pädagoge und damals Dekan, unterbreitete mir das positive Urteil der Fakultät. Seinen Glückwünschen fügte er den Satz hinzu: *Sie gehen ein Risiko ein. Wir wollen Sie aber haben.*

Meine Rolle als Professorin übernahm ich mit einer Mischung aus gespielter Professionalität und faktischer Hilflosigkeit. Irgend etwas stimmte nicht. Wurde ich als Frau und als Professorin von meiner männlichen Umgebung ernst genommen? Ich hatte tiefe Zweifel. Regelmäßig ließ ich, wenn ich an meiner Bürotür stand, meine Schlüssel fallen, ganz und gar entgegen meinen erklärten Absichten, selbstsicher zu erscheinen.

Ich schämte mich wegen dieser Schwäche. Eilfertig beugte sich *mein Assistent* nieder, hob die Schlüssel auf und überreichte sie mir mit einem süffisanten Lächeln. Was ging in diesem Mann vor? Bei jeder Gelegenheit stellte er mir gegenüber seine vermeintliche Überlegenheit zur Schau. Er brüstete sich mit seiner humanistischen Bildung und wusste anscheinend nicht, dass ich sowohl Latein als auch Griechisch sehr gut beherrschte. Bei seinen prahlerischen Reden dachte ich an meinen Sozialisationsvorsprung als Professorentochter, an meine Platon-Lektüre im Arbeitszimmer meines Vaters und an meine Griechisch-Stunden im kleinen Kreis in Heidelberg bei Frau Dr. Lux, als wir Sappho-Gedichte lasen. Ich wusste mich dem Assistenten überlegen, wagte es aber nicht, meine Macht als Vorgesetzte auszuüben. Mir fehlte es an Mut, an Selbstvertrauen. Ich fühlte mich hilflos und spielte das Weibchen, die hilflose Kollegin. Ich ließ immer wieder die Schlüssel aus meiner Hand fallen, schämte mich und wusste nicht weiter.

Ich musste Entscheidungen treffen. Neue Stellen waren im Rahmen des Aufbaus des Seminars zu besetzen. Es standen viele vor meiner Tür. Wen sollte ich hereinlassen? Wen ausschließen? Ich schrieb an meine Heidelberger Freundin Margarethe, die inzwischen in Geschichte promoviert hatte. Wollte sie sich nicht um eine Stelle im Mittelbau bewerben? Sie lehnte ab. Ich war enttäuscht. Erst heute verstehe ich ihre Haltung. Wie sollte ich mit meiner Professorinnenmacht umgehen? Im Spiel der Männer war ich nicht vorgesehen. Bin ich Mann oder Frau, Chefin oder angepasste Befehlsempfängerin in einem hierarchischen System, in dem der Mann stets das letzte Wort hat? Ich sehnte mich nach einer Atmosphäre der gegenseitigen Achtung, nach einer Bestätigung, einer Gleichheit, die die Unterschiede respektiert, die Unterschiede des Geschlechtes, der Herkunft, der Gesinnung, der persönlichen Erfahrungsgeschichte. Ich war überzeugt, dass dieser Umgang von gleich zu gleich möglich wäre. Ich habe an den deutschen Universitäten diese Umgangsformen vergeblich gesucht.

Als Staatsbeamtin war mir ein gesichertes Einkommen gewiss. Ich hatte keine Geldsorgen. Dank meiner Berufung nach Bonn konnte ich sogar die letzten Monatsraten meines DFG-Stipendiums zurückgeben. Zu Hause wurde nicht von Geld gesprochen; der Gedanke an Geld beeinflusste aber unausgesprochen alle Gesten und Handlungen meiner Familie. Da ich als Studentin bei meinen Eltern gewohnt und von ihnen kein Taschengeld bekommen hatte, musste ich nach kleinen Verdienstmöglichkeiten suchen.

Im Jahr meiner Berufung

Während ich im Historischen Seminar in München als studentische Hilfskraft arbeitete, spürte mich die Schauspielerin Margot Hielscher auf und bat mich, sie bei der Vorbereitung ihrer USA-Tournee zu unterstützen. Ich sollte mit ihr die echte amerikanische Aussprache üben. So trällerten wir gemeinsam vergnüglich den amerikanischen

Schlager *Oh my Darling* in ihrem Garten mit Swimmingpool und dem Duft von Luxus. In wenigen Stunden verdiente ich gutes Geld. So stellte ich mir die Lösung aller meiner Geldsorgen vor: Gelegenheitsjobs unter unbeschwerten Arbeitsbedingungen. Allerdings tauchte in diesem Fall unverhofft der Manager von Margot Hielscher auf, erkundigte sich nach meiner Arbeitsmethode und den Fortschritten seiner Klientin und zog, von meinen Ausführungen wenig überzeugt, den Arbeitsauftrag zurück. Das Ausbeutungsverhältnis, das zwischen ihm und Margot Hielscher bestand, war durch unsere ungezwungenen Tauschgeschäfte gestört worden: Wir beide schauten niemals auf die Uhr, lachten viel; besonders, wenn ich die falsche Note traf, Margot Hielscher mit ihrem deutschen Akzent den Missklang übertönte und wir beide einstimmten in *Oh my Darling*.

Jetzt war ich nicht mehr auf Gelegenheitsverdienste angewiesen. Das Beamtenverhältnis mit seiner Verpflichtung gegenüber dem Staat und seinen vordemokratischen Treueverhältnissen waren mir jedoch suspekt. Die Mechanismen des Kapitalismus, die sich mit meinem Berufsleben immer mehr in meine Beziehungen einschlichen, machten mir zu schaffen. Ich war alleinstehend, verdiente aber erheblich mehr als alle meine Studienfreundinnen und -freunde. Beziehungsarbeit und Berufsarbeit, diese beiden Grundfaktoren meines Alltagslebens gerieten in einen unauflösbaren Konflikt. In meinen ersten Berufsjahren verkehrte ich fast ausschließlich mit meinen männlichen Berufskollegen. Sie waren alle wesentlich älter als ich. Der damalige Dekan führte mich ins Bonner Weinlokal Streng und in einen Karl-Marx-Kreis im benachbarten Kloster Walberberg ein. Stumm wohnte ich den Männergesprächen bei. *Wissen Sie, der erste Tote, das war schrecklich. Aber das war nur bei dem ersten. Ich gewöhnte mich sehr schnell an den Anblick eines*

Toten. So redete der Dekan gern beim Glas Wein, angeregt durch den Marx-Text, den wir gemeinsam interpretieren wollten. Im kleinen Walberberger Kreis überzogen wir die existierenden Gewalt- und Ausbeutungsverhältnisse mit einem intellektuellen Schleier, gesponnen aus Eitelkeiten, Scharfsinn und Blindheit. Irgendwie gehörte ich dazu. Ich, eine vom Staat bezahlte deutsche Beamtin, die als unverheiratete Frau von den ungleichen Tauschbedingungen dieses Systems profitierte. Ich fügte mich und fügte mich doch nicht ein. Hampelfrau, Gliederpuppe. Wie sollte ich mit mir und meinem sozialen Umfeld umgehen?

Anna und ich erfuhren die Grenzen unseres Modells der Vereinbarkeit von Leben und Liebe, von Beruf und Freundschaften. Die vorgegebenen Lebensmuster, das Familienmuster und das heterosexuelle Paarmuster, prägten, ohne dass wir es wollten, unser eigenes soziales Verhalten. Zu Hause lebten wir wie ein gutes Ehepaar, im Beruf reagierten wir wie zwei Männer, die ohne Rücksichten auf menschliche Beziehungen die Arbeitsbedingungen des Berufes akzeptierten. Gelegentlich reflektierten wir diese Spaltung, allerdings ohne ernsthaft daran etwas ändern zu wollen. Ich hörte auf zu singen, auch die Gedichtbände, die mich zwei Jahrzehnte begleitet hatten, vor allem das *Buch der Lyrik* von meiner Patentante Meinecke, nahm ich nicht mehr zur Hand. Lyrik verlor für mich ihren Klang. Promethea meldete sich nicht zu Wort. Oder wies ich sie zurück? Verstopfte ich mir wie der sagenhafte Odysseus die Ohren vor dem betörenden Gesang der Sirenen? Phasen der Erstarrung kannte ich von früher. Aber jetzt war es anders. Wie ein schleichendes Gift drang mein Beruf in meinen Körper ein und übernahm unbemerkt die Herrschaft, die viele Jahre andauerte. Ich weiß nicht, ob ich in dieser Zeit gelitten habe. Heute allerdings spüre ich die Nachwirkungen dieser verdrängten Schmerzen.

In meinen ersten zwanzig Berufsjahren, von 1964 bis 1984, als ich Geschichtsdidaktik ohne Blick auf die Frauengeschichte betrieb, lebte ich in zwei Räumen: In dem einen Raum sorgte Pallas Athene, die kluge kämpferische Tochter des Zeus, für die Freiheit, die ich zum Denken brauchte. Ich gab wie Pallas Athene vor, mutterlos geboren zu sein, eine Kopfgeburt, fähig, alles Weibliche zu verleugnen und alle Frauen zu verraten. Als Vater-Tochter war ich zur Professorin geworden. Die Professorentochter, das missratene Schulkind des Erlanger Humanistischen Gymnasiums, das damals mit Fräulein Professor angeredet wurde, hieß jetzt aus eigenem Verdienst Frau Professor.

Diese Frau Professor kannte die Mutter der Pallas Athene nicht. Sie wusste nicht, dass Athenes Mutter, oft Medusa genannt, eine so schöne Frau war, dass die Männer, die sie sahen, sie begehrten und daher zu Stein erstarrten. Bei meiner Berufung zur ordentlichen Professorin wollte ich die Wahrheit, die ich bei meiner Mutter spürte, erfassen. Sie blieb mir aber verschlossen.

Neben den alltäglichen Geschäften – Vorlesungen, Seminare, Prüfungen, Sprechstunden – verbrachte ich viel Zeit auf Konferenzen und Vortragsreisen. Meinen kranken Bruder besuchte ich nicht, meine kranke Mutter selten. Nur gelegentlich vernahm ich das Krächzen der Promethea, das Scharren ihrer Hufe, spürte ihr ungebärdiges Aufbäumen, Augenblicke, in denen es in mir ganz still wurde. Kurz nach meiner Berufung an die Pädagogische Hochschule sagte mir Promethea: *Renne nicht weg. Lerne das Festhalten. Lerne das Loslassen. Lerne die Rhythmen deines Lebens. Dreh dich um. Schau hin. Erinnere dich. Du warst da, als deine Mutter nach deiner Hand griff, als sie – dein Vater war verreist – mit einem durchbrochenen Blinddarm im Bett lag, leise stöhnte, ihre Schmerzen zu unterdrücken suchte.* Damals hatte ich geglaubt, sie würde sterben. Ich rief den Arzt; sie

Im Gespräch mit Gadamer und meinem Bruder

wurde notoperiert, sie wurde gerettet. Das war im Jahre 1966.

1971, fünf Jahre später, erhielt ich aus einem mir unbekannten Münchner Krankenhaus einen Anruf: Meine Mutter liege im Sterben. Ich fuhr sofort mit der Bahn nach München und fand meine Mutter in einem großen Saal mit vielen Betten. Hier warteten Frauen ohne Angehörige oder ohne finanzielle Mittel auf ihren Tod. Meine Mutter war aufgegriffen worden, als sie nackt durch die Straßen irrte. Sie war aus dem Heim geflohen. Irgendwohin. Keiner wollte ihr zuhören, ihr Glauben schenken.

Langsam war meine Mutter aus ihrem Haus der Angst herausgetreten. Mühsam hatte sie den schmalen Gang zwischen ihrer Märchen- und ihrer Wahnwelt gesucht, die Brücke zu ihrer eigensten Welt errichtet. Sie verrückte dabei alle Wände. Sie verlor aber nicht die Orientierung. Mein Vater wohnte zu dieser Zeit bei einer früheren gemeinsamen Freundin aus Breslau. Meine Mutter erkannte ihre Lage: nüchtern, klar, hellsichtig. Für sie war kein Platz mehr in der Welt, die sie zusammen mit meinem Vater aufgebaut hatte. Sie machte sich mit einer anderen Welt vertraut. Sie hielt meine Hand. Ich setzte mich im Krankenzimmer an ihr Bett und spürte:

Sie stirbt einen schweren Tod.
Das weiß ich.
Sie sucht Hilfe in ihrer Einsamkeit.
Das weiß ich.
Ich liebe sie.
Das weiß ich.
Ich lasse sie im Stich.
Das weiß ich.

Der Prozess der Liebe ist empfindsam, gewaltsam, angsterregend, ein Prozess der fortwährenden Verfeinerung der Wahrheiten, die wir miteinander teilen, die wir gegenseitig mit Blicken, mit einem Händedruck, wortlos mitteilen. Die unsichtbaren Fäden einer verborgenen Wahrheit durchdringen in diesem Augenblick das Oberflächenmuster unserer Wahrnehmungen und bilden feste Knoten, die das Gewebe unserer beider Leben zusammenhalten. Meine Mutter sprach zu mir. Wortlos.

In dieser Nacht starb meine Mutter. Lange Minuten saß ich an ihrem Bett. Sie lag in meinen Armen, Weite umfasste uns. Wärme erfüllte meinen Körper.

Liebe Mutter. Dein Körper schließt sich. Müde von den Anstrengungen deines Lebens. Dein Körper legt seine Falten um deine müden Knochen und schenkt dir Ruhe. Er schließt in sich das Leben, das er weitergibt im Gehen. Ruh dich aus, liebe Mutter. Du wirst alles vollenden.

Ich blieb am Sterbebett meiner Mutter sitzen, bewegungslos. Zunächst war mein Körper erstarrt. Er wurde aber plötzlich von warmem Blut durchflutet. Das Blut durchströmte meinen Körper, rann zwischen meinen Beinen, tropfte auf den Boden. Ich wusste, meine Mutter ist tot. Ich musste diesen Raum verlassen, einen großen Raum in einem fremden, städtischen Krankenhaus mit vielen, vielen Betten, in denen arme, kranke Frauen lagen, Frauen, die noch atmeten.

Als ich schnell aus dem Zimmer ging, schaute ich nicht zurück. Meine Mutter stand mir vor Augen. Sie lächelte. Sie träumte mich wieder. Ich wurde neu geboren.

Gedanken – legt euch nieder
Ihr habt ein Zuhause
In den Falten der Erinnerung
In den Wellen deiner Haare
In den Rundungen deines Körpers.

Meine Mutter war tot. Mein goldener Stern leuchtete. Er umfasste uns. In seinem Verglühen lag ein ewiges Leuchten. Es war spät geworden. Ein Stern fiel vom Himmel. Ich fuhr mit dem Nachtzug zurück nach Bonn, um meinen VW-Käfer zu holen. Das Auto sollte mich in München vor allem vor den Unberechenbarkeiten meines Vaters schützen. Als meine Mutter starb, war er verreist gewesen. In Bonn empfing mich Anna. Sie hat mir einen sehr großen Dienst erwiesen. Als sie mich am Bahnhof abholte, sagte sie nur: *Ich weiß, deine Mutter ist tot.* Sie fuhr mich nach Hause und fragte: *Willst du nicht noch ein Bad nehmen?* Das Rauschen des Wassers beruhigte und tröstete mich. Anna wusch mir die Haare mit ihren festen, starken Händen und massierte mit Kraft meinen Kopf. Dies vergesse ich ihr nie. Sie hat mir in diesen Stunden sehr, sehr geholfen.

Mein Berufsleben ging weiter. Eine Frau, erfolgreich in

einem Männerberuf. Bei meiner Berufung hatte ich keine Bedenken hinsichtlich meiner wissenschaftlichen Qualifikationen als Frau. Mit einer gewissen Entrüstung wies ich alle Bemerkungen von Frauen meiner Umgebung zurück, die auf Schwierigkeiten anspielten, die ich als Frau auf meinem beruflichen Weg nach oben haben könnte. »Wir müssen als Frauen das Doppelte leisten.« Mit dieser Aussage konnte ich damals nichts anfangen. Nach meinem damaligen Verständnis war ich einfach gut und in der Regel besser als meine männlichen Kollegen. Warum sollte ich nicht ganz oben stehen? Für die Erfahrungen anderer Frauen hatte ich kein Verständnis. Ich war ganz zur Gliederpuppe geworden, zur Hampelfrau. Wer zog jetzt an meinen Strippen? Die Männer, die die Regeln meines Berufsalltags vorgaben? Die guten Freundinnen, die aus ihren Alltagserfahrungen heraus wussten, was wichtig war? Die nach Prioritäten und Lebensregeln handelten, die andere Maßstäbe auch für mich setzten? Stand mir Promethea zur Seite? Oder habe ich sie in diesen ersten Berufsjahrzehnten vertrieben?

Als mein Bruder 1980 im Alter von 50 Jahren starb, wollte ich alle beruflichen Verpflichtungen, die ich freiwillig eingegangen war, niederlegen. Ich sagte bei Vortragseinladungen ab. Meine Kollegen reagierten mit Unverständnis. Damals leitete ich ein Forschungsprojekt zur historisch-politischen Friedenserziehung, wollte widerlegen, dass wir uns an das Töten und an den Anblick der Toten gewöhnen, wollte beweisen, dass die Reden meines Dekans beim Glas Wein falsch sind. Ich hatte ein Referat zur historisch-politischen Friedenserziehung für eine Konferenz zur Friedens- und Konfliktforschung vorbereitet. Als ich zur Beerdigung meines Bruders in die USA flog, begriff ich, dass ich keine Zeit für die Familie aufgebracht hatte. Ich war unfähig zur Trauer. Die Konflikte zwischen meinen privaten und meinen öffentlichen Verpflichtungen waren unlösbar. Ich versuchte die Widersprüche auszuhalten, ohne sie zu begreifen. Ich hatte noch nicht gelernt, auf die Erfahrungen von Frauen zu hören, sie in ihrer ganzen Tragweite ernst zu nehmen.

Wir müssen als Frauen das Doppelte leisten. Die Bedeutung dieses Satzes begriff ich erst langsam. Ich musste nicht nur das Doppelte leisten, ich musste zusätzlich etwas ganz anderes leisten, musste mit dem patriarchalen Gepäck, das ich mit mir herumschleppte kritischer, selbstbewusster umgehen. Das war die Erfahrung meiner ersten Berufsjahre, die mich auf die Begegnung mit dem Feminismus vorbereitete.

Das patriarchale Gepäck, das mich niederdrückte, mich am Fliegen hinderte, war rückblickend hilfreich. Ich begriff die Logik des patriarchalen Denkens, die Vorzüge des begrenzten Blickes und des Zerschneidens von Zusammenhängen, um kurzfristige Lösungsangebote zu machen und die geistige Bequemlichkeit der dualistischen Argumentationsweise. Nur sehr langsam gewann ich das nötige Selbstvertrauen, um andere Wege zu gehen. Meine Freundin Margarethe, die mich gut kannte und aus der Ferne beobachtete, beschrieb meine Situation: *Du hast einfach ein Schneckentempo, bist aber irgendwie auf einen Luftpostbrief geraten.* Sie hatte Recht, ich bewegte mich auf zwei Zeitebenen: auf der zielgerichteten Zeitebene des männlichen Erfolges und zugleich auf der anderen Zeitebene, einer Beziehungsebene, die ein anderes Zeitmaß kennt. Ich hatte noch nicht gelernt, mir beide Zeitebenen zu erschließen, sie als Einheit und als Grundlage meiner eigenen Geschichte zu begreifen. Geschichte, eine Liebesgeschichte, erfunden nach dem Rhythmus des ersten Maßes der menschlichen Geschichte, dem Herzschlag der Mutter.

Als ich mein Berufsleben begann, wusste ich nichts von den prometheahaften Frauenbündnissen, die unsere Geschichte prägen. Ich verstand auch nicht meine eigenen Bedürfnisse, Bedürfnisse nach Liebe, Nähe, Ferne als Teil meiner und unserer Geschichte. Ich streichelte die Hand meiner Mutter, eine Hand müde vom stummen, wortlosen Geben. Ich spürte ihre Gegenwart und die Wurzeln einer Erinnerungskultur, nach der ich griff. Zunächst vergeblich.

Zurückgekehrt in meinen Berufsalltag ging alles scheinbar seinen alten Gang. Der Tod meiner Mutter bedeutete aber eine tiefe Zäsur in meinem Leben. Als ich zum letzten Male die Hand meiner Mutter hielt, erwachte in mir eine neue Form der historischen Erinnerung, die langsam in den nächsten Jahrzehnten heranreifte. Meine Mutter schenkte mir den Ort meines historischen Gedächtnisses. Mit ihrem Leben und Lebenswerk hatte sie mir eine kostbare Erbschaft hinterlassen. Wieder nahm ich das von ihr herausgegebene Buch *Du hast mich heimgesucht bei Nacht* zur Hand. Meine Gedanken zur Geschichte und zur historischen Vermittlung schlugen eine neue Richtung ein: Die Frau gibt den Dingen Leben, Maß und Ziel. So lautete für mich die Botschaft meiner Mutter. Und sie verkörperte für mich das erste menschliche Maß der Dinge.

Meine Arbeit an der Pädagogischen Hochschule stand zunächst im Zeichen des Sputnikschocks und der Bildungsreform. Lehrstühle wurden neu besetzt. Die Erwartungen an den Lehrstuhl für Didaktik der Geschichte waren groß. Beim Bemühen, den Bildungsnotstand in Westdeutschland zu beheben, kam der Geschichtsdidaktik eine zentrale Rolle zu. Sie wurde als erforderliche Orientierungshilfe im Demokratisierungsprozess begriffen. Ich hatte meine ersten Gehversuche in der Geschichtsdidaktik hinter mir: Die von Erich Weniger vorgezeichneten Wege hatte ich verworfen. Mitte der sechziger Jahre kamen die wichtigsten Anregungen aus Hessen. Durch meine freundschaftliche Beziehung zu Wolfgang Hilligen, einem führenden Politikdidaktiker an der Universität Gießen, ein liberaler Katholik und Vertreter der gesellschaftstheoretischen Gedanken der Frankfurter Schule, vertieften sich meine eigenen Vorstellungen von einer historisch-politischen Bildung. Gemeinsam mit den Bestrebungen anderer Kollegen, insbesondere von Klaus Bergmann aus Gießen, strebte ich die Grundlegung einer zeitgemäßen Geschichtsdidaktik an.

Mit dem Tod meiner Mutter änderte sich meine Erfahrung von Zeit. Geschichte: eine Beziehungsgeschichte. Als meine Mutter das innere Seil zwischen Leben und Tod losließ, als sie, in einem fremden Bett liegend, wie ein erloschener Stern sich in die Lichter und die Dunkelheit ihrer Zwischenwelten fallen ließ, leuchtete eine tiefere Wahrheit auf. Beziehungswelten verbinden uns in der Zeit.

Meine Mutter wurde mir zur Lehrmeisterin.

Du stirbst einen schweren Tod.
Das weiß ich.
Du suchst Hilfe in deiner Einsamkeit.
Das weiß ich.
Ich liebe dich. Das weiß ich.
Ich lasse dich im Stich. Das weiß ich.

Verwandlungen in der Liebe. Sie schmerzen. Ich trage deinen Tod in mir. Ich gebe dir meine Liebe, Leben und Tod, Tod und Leben. Ich lasse dich nicht los. Ich lasse dich nicht im Stich. Lass los. Wir lassen beide los.

Die 68er-Bewegung

Die Vision einer Demokratisierung des Erziehungswesens in den Schulen und Hochschulen unseres Landes ist für mich mit dem Jahr '68 verbunden. In diesem Sinne gehöre ich zur 68er-Generation.

Sommersemester 1971. Der Hörsaal war rappelvoll. Es herrschte eine gespannte Atmosphäre. Die Studierenden wollten nicht hören, was ich zu sagen hatte. Vergeblich versuchte ich, in meinem gut vorbereiteten Vorlesungsmanuskript fortzufahren. Es flogen keine Tomaten, es wurde aber turbulent, unerträglich laut. Die Studierenden stellten neue, mir ungewohnte Fragen. *Was hat das, was Sie vortragen, mit uns zu tun?* In dieser Sekunde begriff ich: Die Studierenden formulierten ihre eigenen Erkenntnis leitenden Interessen. Sie forderten eine Einlösung des erhabenen Wortes akademische Freiheit. Sie begriffen ihr Recht auf Denkfreiheit.

Während meiner Teilnahme am Projekt zur Friedensforschung in der Forschungsstätte der evangelischen Kirche, FEST, in Heidelberg, hatte ich die Schrift von Jürgen Habermas *Erkenntnis und Interesse* kennen gelernt. Dieses Buch war inzwischen auch für mich zur Inkarnation des Buches der Bücher geworden. *Erkenntnis und Interesse – tua res agitur* – um deine Sache geht es. Diese Botschaft kam mir entgegen, als die Studierenden scharrten, als ich mit meinem Vorlesungstext fortfahren wollte. Als ich merkte, dass mein Interesse keineswegs mit dem allgemeinen Interesse, mit dem so genannten *bonum comune* übereinstimmte. Ich wurde gezwungen, meine eigenen erkenntnisleitenden Interessen zu überprüfen.

Mit dem Aufruhr im Hörsaal begann für mich eine neue Ära in meiner beruflichen Tätigkeit. Schon früh hatte ich mir über die Bedeutungsfülle des Wortes: *Interesse* Gedanken gemacht. Warum war das englische Wort *interest* gleichbedeutend mit *Zinsen, Mehrwert-Produktion, Gewinn*? Und was hatte die christliche Haltung zum Zinsnehmen und -geben und zur Selbstverleugnung mit meinem Verständnis von Eigeninteresse zu tun? Jürgen Habermas brachte in seinem kleinen Büchlein *Erkenntnis und Interesse* die Sache für mich auf den Punkt. Der Begriff erkenntnisleitendes Interesse gehörte seitdem nicht nur zu meinem wissenschaftlichen Arsenal. Er wurde zu einem Zauberwort: *Sesam öffne dich.* Mit diesem Zauberwort öffneten sich viele Türen. Ich betrat neue Räume. Diese Räume waren aber zunächst leer. Ich musste sie erst ausstatten.

Die Kritische Theorie der Frankfurter Schule, insbesondere die Bücher von Jürgen Habermas regten mich auch zu intensivem Nachdenken über die Didaktik der Geschichte an. In dieser Zeit fiel mir eine neue Aufgabe zu. Am Ende des turbulenten Sommersemesters des Jahres 1972 wählte mich die Fakultät der Pädagogischen Hochschule zur Dekanin.

Vom Reporter gefragt, ob ich glaubte, dass mir das Amt als Frau besonders schwer oder besonders leicht gemacht würde, antwortete ich noch als typische Vater-Tochter. Im »Bonner General-Anzeiger« vom 8./9. Juli 1972 stand:

G. A.: Frau Professor Kuhn, Sie werden ab Oktober dieses Jahres als Dekanin für zwei Jahre die Geschicke der Bonner Pädagogischen Hochschule leiten. Mit welchen Gefühlen gehen Sie an diese Aufgabe, glauben Sie, dass Sie es als Frau vielleicht besonders schwer oder besonders leicht haben?

Samstag/Sonntag, 8./9. Juli 1972 BONNER STADTANZEIGER

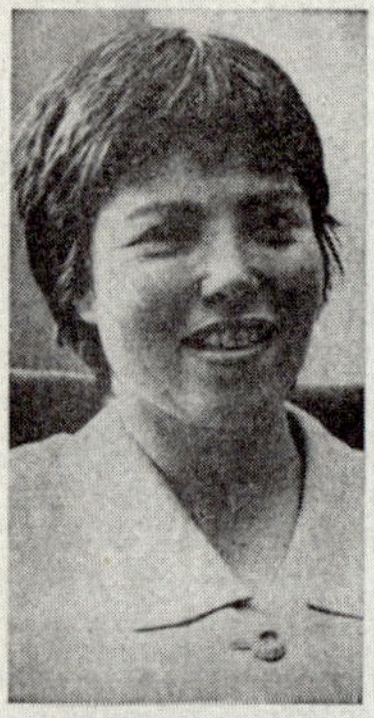

Prof. Dr. Annette Kuhn Aufn.: Pätow

Interview mit der neuen PH-Dekanin

„Bei der Schaffung der Gesamthochschule ist geduldige Kleinarbeit am Platz"

ASTA zeichnet sich „durch kooperatives Arbeiten aus" – Mehr Forschung an der PH

Von Ulrich Heier

Mit großer Mehrheit wählte die Abteilungskonferenz der Pädagogischen Hochschule (PH) Rheinland, Abteilung Bonn, eine Frau zum Dekan für die nächsten beiden Jahre: Professor Dr. Annette Kuhn, bisher Prodekan, Satzungskonventsmitglied und Spezialistin für Rheinische Landesgeschichte und Didaktik der Geschichte. Die 1934 in Berlin geborene Wissenschaftlerin hatte 1960 in München promoviert und lehrt seit 1964 an der Bonner PH, wo sie 1967 eine ordentliche Professur bekam. Frau Kuhn ist eine von zwei ordentlichen Professoren im Fach Geschichte für rund 700 Studenten. Die Studenten, die bei ihr Seminare besuchen, befürchten, daß sie ab Oktober als Dekan mit Verwaltungsaufgaben überlastet sein wird.

G.-A.: Frau Professor Kuhn, Sie werden ab Oktober diesen Jahres als Dekan für zwei Jahre die Geschicke der Bonner Pädagogischen Hochschule leiten. Mit welchen Gefühlen gehen Sie an diese Aufgabe, glauben Sie, daß Sie es als Frau vielleicht besonders schwer oder besonders leicht haben?

KUHN: Ich habe mir zunächst diese Frage

Studenten und Studentinnen. Läßt sich nach Ihrer Wahl sagen, daß dieses Zahlenverhältnis nun endlich auch an der Spitze seinen Ausdruck findet?

KUHN: Es ist zweifellos richtig, daß wir hier ein Übergewicht von Studentinnen haben. Das hängt mit der Entwicklung des Lehrerberufs als eines primär weiblichen Berufs zusammen. Ich halte es von daher auch für glücklich, wenn eine Frau Dekan ist, die vielleicht die besonderen Bedingungen des Berufes und die weibliche Situation der Studentinnen, die auch heute ihren Mann stehen müssen, kennt.

G.-A.: Man hat, wenn man sich z. B. die Zusammensetzung der studentischen Gremien ansieht, doch den Eindruck, daß hier die Studentinnen unterrepräsentiert sind.

KUHN: Das ist zweifellos richtig. Wir sind aber an einer pädagogischen Hochschule und haben Vertrauen in Erziehungsprozesse. In diesem Sinne hoffen wir, daß die Beteiligung der Studentinnen ständig wächst. Gerade in den Ämtern der Selbstverwaltung und der studentischen Vertretung. Ich freue mich, daß

Vorstellungen des Rektors und meines künftigen Amtsvorgängers an. Sie gingen dahin, daß sich die PH grundsätzlich für eine Verwirklichung der Pläne der Landesregierung ausgesprochen hat. Die PH beobachtet jedoch mit Sorge, daß manche Voraussetzungen, die ein gutes Zusammenarbeiten ermöglichen, gefährdet zu sein scheinen. Wir haben Interesse an einem partnerschaftlichen Verhältnis, einem Verhältnis von gleichen Partnern mit gleichen Voraussetzungen, um gemeinsam mit der Universität an die Aufgabe der Bildung einer Gesamthochschule herangehen zu können. — Zu der speziellen Frage, wie die Gesamthochschule aussehen wird: Zunächst wird sich ein Gesamthochschulrat konstituieren. Dieser setzt erst die Gremien und Ausschüsse ein, die darauf kompetente Antworten geben werden.

G.-A.: Mit Beginn Ihrer Amtszeit wird auch der Erweiterungsbau in Betrieb genommen. Erleichtert das die Arbeit für Studenten und Dozenten?

KUHN: Die räumliche Erleichterung wird sehr spürbar sein. In diesem Hause, das für

KUHN: Wir haben jetzt einen AStA, der sich durch sehr faires und kooperatives Arbeiten auszeichnet. Die Interessen der Studentenschaft werden in einer sehr offener und fairen Weise vorgetragen. Die Zusammenarbeit war bisher sehr gut, sie war sachlich. Sie bezog sich vor allem auf ganz konkrete Belange, die die Studenten betrafen. Ich hoffe, daß sich die Zusammenarbeit in einer guten Atmosphäre fortsetzen wird.

G.-A.: Kann man sagen, daß sich diese gute Zusammenarbeit am Beispiel der Kindertagesstätte zeigt?

KUHN: Der Anfang für den Bau der Kindertagesstätte ist schon gemacht. Es wird Aufgabe in meiner kommenden Amtszeit sein, den Weg weiterzugehen. Ich erachte diesen Kindergarten für außerordentlich wichtig und hoffe, daß die Initiativen des AStA in Zusammenarbeit mit der Hochschule zum Erfolg führen und daß die Unterstützung der Stadt die Verwirklichung der Pläne ermöglicht. Das ist durchaus eines der Ziele, die man sich für die kommende Amtszeit als Dekan setzen sollte.

Bonner General-Anzeiger, 8/9. Juli 1972

Kuhn: Ich habe mir zunächst diese Frage nicht gestellt. Denn ich sehe zuerst die mir gestellte Aufgabe und meine, es ist verhältnismäßig irrelevant, ob der Dekan eine Frau oder ein Mann ist. Bisher habe ich auch als Frau in der öffentlichen Tätigkeit, zum Beispiel als Prodekan und im Satzungskonvent Erfahrungen gemacht, die mich darin bestätigen, dass es eine Selbstverständlichkeit sein kann, wenn die Frau ein öffentliches Amt ausübt. Sie braucht von daher auch nicht mit ganz besonderen Gefühlen an eine solche Aufgabe zu gehen. Ich hoffe auch, dass die Frage der Höflichkeit nicht auf ein Geschlecht beschränkt ist.

Der Reporter ging auf das Zahlenverhältnis zwischen Studenten und Studentinnen ein. In der Lehrerausbildung bildeten Frauen stets die Mehrheit. Eine weitere Frage an mich lautete, ob ich nach meiner Wahl dafür Sorge tragen würde, dass dieses Zahlenverhältnis auch an der Spitze der Institution einen Ausdruck findet.

Kuhn: Es ist zweifellos richtig, dass wir hier ein Über-

gewicht von Studentinnen haben. Das hängt mit der Entwicklung des Lehrerberufes als eines primär weiblichen Berufes zusammen. Ich halte es von daher auch für glücklich, wenn eine Frau Dekan ist, die vielleicht die besonderen Bedingungen des Berufes und die weibliche Situation der Studentinnen, die auch heute ihren Mann stehen müssen, kennt.

Zu den patriarchalen Mythen der 68er-Bewegung gehört das Bild der öffentlich denkenden, öffentlich redenden Studenten und der ihnen an den Schreibmaschinen assistierenden Studentinnen. Dieses Bild ist unzutreffend. In der Regel waren Frauen die Initiatoren, die treibende Kraft, der Motor der Bewegung. Sie agierten im Sinne der politischen Botschaft ihrer Mütter, der so genannten Trümmerfrauen und des ihnen so oft verweigerten Mutter-Tochter-Gespräches über die Zeit vor 1945. Ich erlebte die 68er-Bewegung sowohl als Vater- als auch als Mutter-Tochter. Geblieben ist für mich die Botschaft meiner Mutter. Es war Promethea, die mir in dieser Zeit die richtigen Fragen ins Ohr krähte. *Kennst du das eckige Runde? Das runde Dreieck? Das Zackige, Scharfe, das runde Fließende, das Grübchen, das lacht, das Dreieck, das rund ist?* Neue Fragen, fremde Fragen. Promethea stellte sie. Sie verriet mir nicht die Antwort. Nachts überfielen mich Gedanken:

Gedanken am Grab meiner Mutter

Gedanken am Grab meiner
Mutter: Nichts ist vergeblich.
Gedanken beim Fühlen,
Betasten ihres Buches:
Mach weiter. Trotz alledem.

Sie wollen es nicht hören,
Sie wollen es nicht sehen,
Sie wollen es nicht spüren.
Sie haben Angst vor den
Schmerzen,
vor den Fratzen des
erstarrten Schmerzes.

Ich wanderte durch das Haus, lief die Treppe hinauf, hinunter. Sterne fielen in meinen Schoß. Sie waren dreieckig, rund. Ich erlernte die Sprache meiner Mutter.

Die Studenten und Studentinnen verlangten nach einer Basis-Demokratisierung der deutschen Hochschulen. Ich war entschlossen, diesem Bestreben nachzukommen, mit ihnen zu verhandeln und dem Drängen der Mehrzahl meiner hysterisch gewordenen Kollegen nicht nachzugeben, die angesichts der Streikposten vor ihren Türen von mir verlangten, die Polizei ins Haus zu holen. Psychoterror nannten die aufgeregten Herren angesichts ihres Prestigeverlustes das Aufbegehren der Studierenden und die Buhrufe in ihren Veranstaltungen. Während meiner Dekanatszeit hielt ich an meinem Vorsatz fest. Die Polizei habe ich nicht ins Haus geholt.

Im »General-Anzeiger« vom 20./21. November 1972 stand: *3015 Studenten der Bonner Pädagogischen Hochschule treten heute in einen bis Freitag dauernden Streik. Kultusministerium nahm Ultimatum nicht an. Teach-in und Informationsstand. PH-Dekanin mit Streik nicht einverstanden. ASTA Vorlesungsboykott ein Erfolg.*

Ich begriff die Forderungen der Studentinnen und Studenten als kollektive Herausforderung. In einer Atmosphäre von Gewalt und Hass, von Aktionismus und Ungeduld übte ich mich in den Methoden der möglichst gewaltfreien Kommunikation. Gespräche waren meine einzige Waffe. Ich sympathisierte mit den Streikenden, erklärte mich aber mit dem Streik nicht einverstanden. Ich war als öffentliche Person gespalten.

In der Regel gelang es mir, in den Hörsälen mit den Studierenden, die *Macht kaputt, was euch kaputt macht* skandierten, ins Gespräch zu kommen. Ihre Forderungen waren verständlich. Über den vorgetragenen Stoff wollten sie mit mir diskutieren, ihre eigenen Ansätze, oft nur halb verstandene Marx-Zitate, zur Diskussion stellen. Praktische Forderungen wurden gestellt: ein Kindergarten, eine Wickelstube, mehr und größere Hörsäle. Einige Forderungen wurden erfüllt. Provisorische Baracken aufgestellt, um der Raumnot zu begegnen. Auf welcher Seite stand ich? – Unsichtbar für die rebellierende Studentenschaft wachte hinter mir der Amtmann Ziegler, der in seiner ruhigen Art in physischer Weise Amtsgewalt verkörperte und mich mit seiner Wachsamkeit beschützte. Für alle Studierenden, auch für *meine* Studentinnen und Studenten, stand ich als Amtsperson, als Teil des Establishments, als Dekanin auf der Gegenseite. Ich fühlte mich – wie so oft – gespalten, zerissen. Hampelfrau, wer zieht an deinen Strippen?

Als die Fronten zwischen Studierenden und Lehrenden sich immer mehr zuspitzten, schrieb ich während der vorlesungsfreien Zeit meine *Einführung in die Didaktik der Geschichte*. Amtmann Ziegler sorgte in dieser Zeit für die Ruhe im Haus. *Macht kaputt, was euch kaputt macht.* Lag nicht in dieser Parole ein Körnchen Wahrheit? Ich wollte mir dieses kleine Körnchen genauer anschauen. Inmitten erregter Kontroversen wollte ich eine Orientierungshilfe geben.

Meine *Einführung* war ein Erfolg. Sie hatte zahlreiche Gastvorträge im In- und Ausland zur Folge. Nach meiner Rückkehr von einem Vortrag an der Universität Lund notierte ich im März 1984 in mein Tagebuch: *Abflug nach Lund: Befreiend, Deutschland zu verlassen, spreche vor lauter Befreit-Sein nur englisch. Warum lastet Deutschland so sehr? Genieße den Tag in Schweden, alles unbeschwert, unkompliziert. Der Vortrag am Abend war gut – allerdings nur für meine skandinavischen Freunde. Undenkbar in der BRD. Zurück in »Deutschland«. Freue mich auf Zuhause: Lumpi, Anna, das Haus. Hoffe auf den Frühling im Garten. Erzähle viel von Schweden. Immer wieder die alte Frage: Warum bedrückt Deutschland so sehr?*

Ich suchte der engen Verbindung von Gesellschaftstheorie, Curriculumforschung und Geschichtswissenschaft Rechnung zu tragen. Dabei bezog ich mich auf die Kritische Theorie der Frankfurter Schule, vor allem auf die Schriften von Jürgen Habermas, auf das Verständnis von Geschichte als einer kritischen Sozialwissenschaft im Sinne der Bielefelder Historiker Wehler und Kocka. Und auf die Diskussionen im Umfeld der neu konzipierten Richtlinien für Gesellschaftslehre in Hessen. Meine *Einführung* drückt für mich noch heute meine fachdidaktische Grundposition aus, die ich mit anderen Kollegen der 68er-Bewegung teilte. 1976 gründeten wir, Klaus Bergmann, Werner Boldt, Jörn Rüsen, Gerhard Schneider, Lothar Steinbach und ich, die Zeitschrift *Geschichtsdidaktik*. Im ersten Heft mit dem programmatischen Titel *Warum Schüler Geschichte lernen?* kam die Neuorientierung der Geschichtsdidaktik nach 68 deutlich zum Ausdruck. Im Geschichtsunterricht sollten die Schüler und Schülerinnen erfahren, dass es in der Geschichte auch um ihre Interessen, um ihre Sache gehe.

Die *erregten Kontroversen* von damals sind heute schwer nachvollziehbar. Das Lernziel Emanzipation galt für viele als Aufforderung zur Revolution. Die Schriften von Jürgen Habermas wurden vom bayrischen Kultusminister auf den

Index gesetzt. Sie gefährdeten – so hieß es – die freiheitliche Grundordnung. Im Kreis um die *Geschichtsdidaktik* wurden die Schriften von Erich Weniger und die Tradition der nur geisteswissenschaftlich orientierten Pädagogik, der Historismus, der Positivismus und die problematische Bestimmung der Stellung des Geschichtslehrers und des Staates in der alten Geschichtsdidaktik diskutiert.

Der Geschichtslehrer vertritt die Einheit der erlebten Geschichte. Er spiegelt die in der Gegenwart erreichte Lagerung der geschichtlichen Kräfte in seiner Person wider und ist zugleich Träger des Zukunftswillens der Erwachsenengeneration. Worte von Erich Weniger nach 45. Welche Anmaßung dieses Gefolgsmannes des Führers. Kein Wunder, dass sich die 68er-Generation regte.

Meine Reise ins Reich der Frauengeschichte

Promethea – jetzt hast du das Wort –, du musst mir sagen, wann und wie, wo und weshalb sie begann, diese Reise in fremde Länder, in fremde Zeiten, bei der das Ich sich das Fremde lustvoll auf Weise der Piratinnen aneignete. Das mir bisher Fremde wurde Teil meiner eigenen Geschichte, meines eigenen Ichs und meiner Zukunft, die heute so offen und so unendlich reich an Möglichkeiten vor mir liegt. Promethea, du weißt, wann all dies begann. Es dauerte lange, bis ich dieses Fremde als mein Ich, als mein widersprüchliches, widerspenstiges Ich zu begreifen vermochte. Daher Promethea, hilf mir bei dieser Erzählung.

Promethea hat jetzt ihre Lieblingsposition eingenommen. Sie hockt mit ihrem bunten Federschmuck auf meinem Schreibtisch, blinzelt mich herausfordernd an und kräht mir mit ihrer schrillen Stimme zu: *Denk doch nach. Streng dich an, sei nicht so faul, so feig, so anpasserisch. Sei nicht so verliebt in das von dir selbst gesponnene Netz der kleinen Alltagslügen. Sei ehrlich, schau ganz genau hin.*

Wenn Promethea so redet, fühle ich mich ganz unbehaglich. Während ich mit Pu auf die hohen Bäume geklettert war, hatten sich die Wörter, die er vor sich hinbrabbelte, auf wundersame Weise zusammengefügt. Jetzt schaue ich mit Faszination auf das prächtige Federwerk von Promethea, und es wird zu einem Spiegel, in dem ich neue Bilder, neue Wörter entdecke, die ich nur langsam zu entziffern vermag. Pu hat mich aber nicht verlassen. Er fragt:

Seit wann? Die Liebe? – Meine Liebe?
Ich weiß es nicht, ich weiß es nicht.
Bevor ich dich liebte.
Ich liebte dich in jener Dunkelheit, die im Zentrum
des Lichtes ist.

Im Spiegel der Promethea lese ich diese Worte dunkel und hell zugleich, philosophisch, voll der Kraft der Liebe, dialektische Worte. Mit Hilfe von Promethea benenne ich einen Anfang meiner Entdeckungsreise ins Reich der Frauengeschichte. Sie begann für mich in Heidelberg an der Forschungsstätte der evangelischen Studiengesellschaft, abgekürzt: FEST.

Diese Angabe eines Beginns bezeichnet einen sicheren Ort in einer gesicherten Zeit. Meine Reise ins Reich der Frauengeschichte fing früher an. Vielleicht in meinen Studienjahren in München, als ich neben John im Audimax saß und die Vorlesung von Franz Schnabel über Bismarck an meinem Ohr vorbeirauschte, vielleicht als ich die Erzählungen vom Heiligen Römischen Reich meiner Geschichtslehrerin in der von-Thadden-Schule hörte, beschloss, Historikerin zu werden und in Gedanken ihre Geschichten weiterspann, vielleicht aber bei meiner Geburt in der mir vertrauten Fremde, als meine Mutter mich mit den von ihr bunt bestickten Kleidern sorgfältig anzog, mir Märchen erzählte und ich mehr von den Anfängen wusste als später in meinem Leben. Der Beginn meiner Reise ins Reich der Frauengeschichte liegt einfach im Dunkeln. Die Forschungsstätte in Heidelberg auf dem Schmeilweg ist aber ein guter Ausgangspunkt für die Nacherzählung dieser Reise.

Es war im Frühjahr 1972. Ich hatte mich inzwischen in Bonn gut eingerichtet. Zusammen mit Anna hatte ich eine größere und schönere Wohnung in Mehlem bei Bonn bezogen, mitten in einem Naturschutzgebiet. Der Hausbesitzer besaß eine Schafherde, nannte sich stolz »Herr vom Rodderberg«. Ich genoß den herrlichen Blick ins Rheintal und auf das Siebengebirge.

Gedanken über einen Kanon des notwendigen historischen Wissens hatte ich mir schon vor meiner Berufung nach Bonn gemacht. Jetzt gehörten solche Überlegungen zu meinem Beruf. Aber ich hatte bis zu jenem Frühjahr weder die Unentbehrlichkeit eines frauengeschichtlichen Wissens und eines frauengeprägten historisch-politischen Bewusstseins erkannt noch gar die Absicht, auf einem solchen Wissen zu beharren.

Ein erstes Nachdenken über Frauengeschichte begann mit der 68er-Bewegung. Als ich im Wintersemester 1971 mein Seminar zur NS-Zeit eröffnete, wollten die Studierenden etwas über Frauen in der NS-Zeit wissen. Ich war überrascht, willigte zwar sogleich ein, begriff jedoch noch nicht, wozu ich *Ja* gesagt hatte. Schnell bemerkte ich, dass in den Standardwerken Frauen in der nationalsozialistischen Zeit überhaupt nicht erwähnt wurden. Eine einschlägige Quellenedition zur Aktivität von Frauen in der NS-Zeit gab es nicht. Auf meiner Suche nach Sekundärliteratur stieß ich schließlich auf zwei Veröffentlichungen von amerikanischen Historikerinnen, die nur auf Englisch vorlagen. Bald machte ich eine weitere, für mich überraschende Entdeckung. So unterschiedliche Forscher wie Joachim Fest und Ernst Bloch, die sich beide mit der NS-Zeit beschäftigt hatten, waren sich in der Einschätzung der Rolle der Frauen in der NS-Zeit einig. Beide vertraten die Auffassung, die deutschen Frauen hätten Hitler an die Macht gebracht. Sie hätten ihn angebetet. Eine merkwürdige Übereinstimmung. Glücklicherweise wollten meine Studentinnen und Studenten es jetzt genau wissen. Wie hatten ihre Mütter sich 1933 verhalten? Was haben sie in den Jahren 1933 bis 1945 getan? Waren sie Opfer und vom wem? Vom Nationalsozialismus als System? Von ihren Männern als Individuen? Waren sie Täterinnen? Mitläuferinnen? Oder haben sie gar Widerstand geleistet, Widerstand auf eine ihnen eigene Weise? Die Fragen häuften sich. Plötzlich veränderte sich mein Blick auf die NS-Zeit. Die NS-Zeit, ein Höhepunkt in der patriarchal geprägten deutschen Sondergeschichte? War der Nationalsozialismus überhaupt verstehbar, wenn ich mich nicht mit der Frauen- und Geschlechterfrage befasste?

Als ich begonnen hatte, über mein eigenes frauenloses Geschichtsbild nachzudenken, erhielt ich die Einladung von Gerta Scharffenorth zu einer Tagung mit dem Titel: *Frauen als Innovationskraft*. Gerta Scharffenorth hatte ich in Heidelberg während meines Studiums näher kennen gelernt. Als verwitwete Frau im mittleren Lebensalter mit zwei Kindern promovierte sie in Politikwissenschaft zum Pauluswort, Römer 13: *Alle Obrigkeit ist von Gott.* Ich habe ihren für die damalige Zeit ungewöhnlichen Lebensweg sehr bewundert. Für mich war Gerta Scharffenorth eine eindrucksvolle, überzeugende Vertreterin des Protestantismus und der deutschen Frauen der ersten Stunde nach 45. Die Vorstellung von Frauen als einer Innovationskraft war für mich überraschend. Ich war aber neugierig und sagte ihr gerne zu.

In ihrem Schreiben zu dieser Einladung bezog sich Gerta Scharffenorth auf eine Initiative des ökumenischen Rates der Kirchen in Genf. Evangelische Frauen suchten nach einem neuen Verständnis von Ökumene. Im Geist dieser ökumenischen Frauenarbeit hatte Gerta Scharffenorth etwa 10 bis 15 Frauen zu einem Gedankenaustausch eingeladen. Frauen von der äußersten politischen Linken, kritische Sozialwissenschaftlerinnen, evangelische Pfarrfrauen und evangelische Theologinnen. Ich wurde nicht nur als Historikerin, sondern auch als Katholikin eingeladen, als eine Frau, die der katholischen Kirche mit ihrer reichen marianischen Tradition angehörte. Diese Rolle fiel mir zunächst schwer. Zwar war mir seit meiner Konversion die Mariologie nahe. Marienandachten, Rosenkranzgebete bedeuteten mir viel. Oft nahm ich eine Kette aus der kostbaren Rosenkranzsammlung, die mir Guardini geschenkt hatte, in die Hand, ließ die Perlen durch meine Finger gleiten. Die Symbolgestalt der Maria hatte ihren Anteil an meiner Reise ins Reich der Frauengeschichte. Erst während der Tagung in Heidelberg begann ich, dank der Initiative von Gerta Scharffenorth, näher über diese von Frauen und von Frauenbildern geprägte religiöse Tradition, die weit über den Machtbereich der katholischen Kirche hinausging, nachzudenken. Ich habe mich seit meiner Kindheit mit Frauenbildern umgeben, vor allem mit Bildern von Maria: Maria, die die Schlage zertritt, Maria mit ihrer Mutter Anna und dem Kind auf dem Schoß, Maria, die Schutzmantelmadonna. Ich habe mich mit einzelnen Zügen aus diesen widerspruchsvollen, vieldeutigen Marienbildern identifiziert, ohne sie zu einer Einheit fügen zu können. Von den historischen Ursprüngen dieser Bilder wusste ich Anfang der siebziger Jahre noch nichts. Erst sehr viel später entdeckte ich die matriarchalen Ursprünge unserer Geschichte.

Auf der ersten Sitzung sprachen Frauen eine Sprache, die ich noch nicht kannte. Die Frankfurter Frauenforscherin und Soziologin Sylvia Kontos entwickelte ihre Sicht von der Mehrwert schaffenden Frauenarbeit. Die Theologin Elisabeth Moltmann erinnerte in historischer und theologischer Sicht an die Befreiungskämpfe und an die Freiheitserfahrungen von Frauen in der christlichen Kirche. Frauen, die Advokatinnen der Menschenrechte, Jesus als Feminist, christlicher Glaube als der Weg der Frauenbefreiung und der Wiederversöhnung mit der Erde. Elisabeth Moltman deutete in ihrer ruhigen Art diese Gedanken an, die mir neu und zugleich vertraut waren. Ich spürte die unsichtbaren Fäden einer verborgenen Wahrheit, die ein neues Muster in mein oberflächliches Bild von Geschichte webten. Die Komplexität neuer Erkenntnisse regte mich an und beunruhigte mich zugleich. Die Pastorin Erika Reichert berichtete aus ihrem Erfahrungsbereich von der unbezahlten Frauenarbeit und dem Ehrenamt von Frauen.

Ich war von all dem fasziniert und begann langsam alles, ja, wortwörtlich alles, anders zu sehen. Plötzlich erkannte ich die Frauenkraft, den Erfindungsgeist und die Kreativität von Frauen, den Eigensinn und die kluge Beharrlichkeit von Frauen in der Geschichte; Kräfte, die ich früher nicht bemerkt hatte. Hatte mich mein männlicher Blick auf die Geschichte völlig blind gemacht? Warum hatte ich bisher die Augen vor der so einsichtigen Tatsache verschlossen, dass Frauen *die* historische Innovationskraft sind, dass *sie* den Motor der sozialen Veränderung verkörpern, dass *sie* mit einer Welt verändernden Kraft zu träumen, zu dichten und zu lieben vermögen? Denn sie allein wissen um die Geschichte als eine Beziehungsgeschichte, als eine Geschichte der Liebessehnsüchte der Menschen und handeln in diesem Sinn. Nur sie sind in einer konsequenten, umfassenden und menschlichen Weise poetisch.

Warum hatte ich so große Angst vor dieser grundlegenden Erkenntnis? Zusammen mit Anna hatte ich mich in Normen der gesellschaftlichen und geschlechtsspezifischen Arbeitsteilungen eingefügt, die ich in wachsendem Maße als unmenschlich und unerträglich empfand. Gerta Scharffenorth hatte im Burckhardthaus-Laetare-Verlag die Reihe *Kennzeichen* mitbegründet. 1980 veröffentlichte ich gemeinsam mit Gerda Tornieporth den Band *Frauenbildung und Geschlechtsrolle*. In meinem Beitrag *Frauengeschichte und die geschlechtsspezifische Identitätsfindung von Mädchen* legte ich die Grundlage für meine späteren Arbeiten zu einem frauengeschichtlichen Curriculum.

Das Klima in den Hörsälen und Seminaren in Bonn veränderte sich. Neue Themenschwerpunkte rückten in den Mittelpunkt: Frauen und Mütter, Autonomie und die Institutionen Familie und Staat, Frauen und Faschismus. Diese Fragen beschäftigten eine von der Frauenbewegung getragene neue Generation von Studentinnen. Sie erkannten, dass sie ihre eigene frauengeschichtliche Vergangenheit nicht ohne Gefährdung ihres eigenen emanzipatorischen Strebens verleugnen konnten. Der in den Jahren 1975 bis 1985 an den deutschen Universitäten ausgetragene Streit um den Preis der Professionalisierung der Frauengeschichtsforschung und um die Bedingungen einer Institutionalisierung der Frauengeschichtsforschung fand in einem hohen Maße an der Universität Bonn statt.

Das letzte Historikerinnentreffen, das von historisch arbeitenden Wissenschaftlerinnen in und außerhalb der Universität aus eigener Initiative organisiert wurde, fand 1985 an der Bonner Universität statt. Den Tagungsband leitete ich mit Überlegungen zur *Frauengeschichte zwischen Professionalisierung und Selbsterfahrung* ein. »Viel Programm und wenig Diskussion beim Historikerinnen-Kongreß in Bonn. Solidarität erweist sich als brüchig« berichtete der *Vorwärts* vom 8. Mai 1985. Die Frauensolidarität wurde harten Proben ausgesetzt. Ein Schritt auf dem Weg zur heutigen Akzeptanz von Gender als wissenschaftlichem Forschungsgebiet war der Kongress *Feministische Erneuerung von Wissenschaft und Kunst* 1989 in Bonn. Das Foto von der Eröffnung zeigt Rita Süssmuth, Margarethe Jochimsen und mich

Rita Süssmuth, Margarethe Jochimsen und ich zu Beginn des Kongresses Feministische Erneuerung von Wissenschaft und Kunst, 1985 in Bonn

unter einer Skulptur von Ulrike Rosenbach, die den Titel *Herkules* trägt. Es waren Jahrzehnte der harten Kämpfe, in denen ich erst die tiefere Bedeutung des Wortes Frauensolidarität kennen lernte.

Folgenreich für mich war die Einladung der Germanistin Professor Ruth Ellen Jores in die USA zu einer Gastprofessur in Minneapolis im Jahre 1984. Reiche Lehr- und

Lernerfahrungen am *Center for Advanced Feminist Studies* setzten für mich neue Maßstäbe für die Institutionalisierung der Frauengeschichte in Forschung und Lehre.

Ich war inzwischen entschlossen, die Frauengeschichte zu meinem wissenschaftlichen Schwerpunkt zu machen, eine Lehrstuhlerweiterung anzustreben und die vergessene Hälfte unserer Geschichte zu meinem vornehmlichen Forschungs- und Lehrgegenstand sowohl im fachwissenschaftlichen als auch im fachdidaktischen Sinne zu machen. Die Erforschung der Frauengeschichte als meiner eigenen und zugleich als einer verallgemeinerungsfähigen Sicht auf unser aller Geschichte wurde zu meinem zentralen Anliegen. Ein langer Weg, der im Jahre 1984 mit der offiziellen Erweiterung meiner Lehrstuhlbezeichnung durch das Lehrgebiet Frauengeschichte einsetzte und der bis heute andauert.

Am 7. und 8. März 1986 fand unter der Leitung von Jörg Callies in der evangelischen Akademie Loccum die Tagung *Frauen und Geschichte* statt; zwei ereignisreiche Tage mit einem doppelten historischen Bezug: Am 7. März 1886 stand der 99. Weltgebetstag der Frauen unter dem Motto *Das Leben wählen*, am 8. März 1986 wurde weltweit der 75. Internationale Frauentag gefeiert. Zur Diskussion stand die Definition von Frauengeschichte, die von Bodo von Borries, Jörn Rüsen und mir mit jeweils drei sehr unterschiedlichen Ansätzen vorgestellt wurde. Erst zu diesem Zeitpunkt begriff ich, dass ich mit einem erbitterten Widerstand von Kollegen und Kolleginnen rechnen musste, wenn es galt, frauengeschichtliche Perspektiven im Studium der Geschichte zu institutionalisieren: Die geschichtstheoretische Orientierung der Fachdidaktik an der Kritischen Theorie hatte nur die Oberfläche unseres historischen Bewusstseins berührt. Erst eine frauen- und geschlechtergeschichtliche Perspektive würde zu dem angestrebten

Paradigmawechsel in unseren dualistisch argumentierenden Denksystemen führen.

Nach meiner Rückkehr aus den USA lag der Erlass der Kultusministerin von NRW, Anke Brunn, zur Erweiterung meiner Lehrstuhlbezeichnung vor. Meine neue venia lautete: *Didaktik der Geschichte, mittlere und neuere Geschichte, sowie Frauengeschichte.* Auf diese Situation war ich relativ gut vorbereitet. In den USA hatte ich an mehreren, sehr verschiedenen Universitäten die Vor- und Nachteile unterschiedlicher Modelle der Integration der Frauengeschichte studieren können. Die Schwierigkeiten, die mich in Deutschland erwarteten, hatte ich jedoch nicht richtig eingeschätzt.

Meine 1974 erschienene *Einführung in die Geschichtsdidaktik* als einer kritischen Theorie historischer Erkenntnis- und Vermittlungsprozesse taugte nach meinem damaligen Urteil als Theoriebasis für meine frauengeschichtlichen Bemühungen. Hierin habe ich mich allerdings gründlich getäuscht. Auch die historische Friedensforschung, die mir erste Einsichten in historisch gewordene und daher überwindbare Gewaltzusammenhänge vermittelte, bildete eine wichtige Grundlage für meine Bemühungen um eine Analyse patriarchaler Gewaltzusammenhänge. Diese Basis reichte allerdings nicht mehr aus. Insofern war ich, als ich den Lehrstuhl für Frauengeschichte einnahm, ungenügend vorbereitet. Ich konnte mir damals nicht vorstellen, welche Konsequenzen ein historisches Denken aus der frauengeschichtlichen Perspektive für mich haben würde.

Es begannen Jahre der schmerzlichen und verletzenden Lernprozesse, Jahre eines Kampfes, in dem ich reichlich, überreichlich beschenkt wurde. Aber auch Jahre des zermürbenden Kleinkrieges. Prüfungsthemen zur Frauengeschichte wurden abgelehnt. Die vor mir liegende umfangreiche Akte zu meinem Ausschluss aus dem staatlichen Prüfungsamt ist ein Zeugnis des Nicht-Verstehen-Wollens, des Versuches, Frauengeschichte nicht zur Kenntnis zu nehmen: *Die Studienkommission und der Magisterprüfungsausschuß der Philosophischen Fakultät ... haben entschieden, die Frauengeschichte nicht als Teilgebiet ... zuzulassen. ›Frauengeschichte‹ ist wie andere regionale oder sachliche Teilgebiete in dem übergreifenden Prüfungsfach ›Mittelalterliche und Neuere Geschichte‹ enthalten.* Meinen Einwand, dass die Studentenschaft meinen Ausschluss aus dem Prüfungsamt nicht tatenlos hinnehme, wies der Dekan zurück. Er verstehe nicht, *wie es zu Verwirrung und Unruhe innerhalb der Lehrveranstaltung* kommen könne. Ich beharrte darauf, dass die Frage meiner Prüfungsberechtigung von der Frage der Anerkennung der Frauengeschichte als Prüfungsfach nicht zu lösen sei. Die Schreiben von Seiten des staatlichen Prüfungsamtes wurden deutlicher: *Frauengeschichte ist weder Teilgebiet noch Schwerpunkt der Studienordnung für das Fach Geschichte an der Bonner Universität, so daß auch alle angebotenen Veranstaltungen zur Frauengeschichte nicht Bestandteil des ordnungsgemäßen Studiums sein können. Hausarbeitsthemen, schriftliche und mündliche Prüfungen können nur unter Beachtung der in der Prüfungs- und Studienordnung ausgewiesenen Teilgebiete erfolgen, wobei Frauengeschichte als Schwerpunkt ausscheidet.* Bonn, 6. Juni 1989. Es war nur eine Frage der Zeit, bis der längst gefasste Beschluss, mich vom Prüfungsamt auszuschließen, rechtskräftig wurde.

Zu meiner Reise ins Reich der Frauengeschichte gehören die Besuche bei meinem Vater in München. Als er schwer erkrankte, fuhr ich trotz beruflicher Termine zu ihm. Wolfgang, Arzt im Krankenhaus Großhadern und Ehemann meiner guten Freundin Anneliese, die längere Zeit bei mir

Besuch bei meinem Vater

und Anna wie eine eigene Tochter geliebt hat, riet zur Operation. Wie belanglos erschien mir in diesen Augenblicken mein Beruf, wie nah, wie wichtig mir mein Vater, seine Freundschaft.

Als ich am Krankenbett saß, erhielt ich vom Leiter des staatlichen Prüfungsamtes einen Telefonanruf. *Sie müssen sofort nach Bonn kommen.* Seine Stimme legte sich wie eine eiserne Kette immer enger um meinen Hals. *Die Formulierung Ihrer Prüfungsthemen für die übermorgen stattfindende Klausur akzeptiere ich nicht.* Das Telefongespräch war beendet. Ich war in eine Falle getapst. Das Prüfungsamt nutzte diese typische Frauensituation aus. Ich wurde aus dem Prüfungsamt ausgeschlossen, weil ich Studierende zu einer frauengeschichtlichen Sicht anregte. Das von mir gestellte Thema lautete: *Die Französische Revolution – ein Wendepunkt in der Frauengeschichte?* Eine unzulässige Fragestellung. Die einen behaupteten, die Fragestellung sei zu eng, die anderen, sie sei zu weit.

Ich war in eine Zwickmühle geraten. Sollte ich abreisen? Was war mir die Anerkennung der Frauengeschichte als eines ordentlichen Prüfungsfaches wert? Sollte ich im Namen des historischen Bewusstseins einer größeren Geschlechtergerechtigkeit Opfer bringen, die ich später bereuen würde?

Bis zur Festlegung eines Operationstermines blieb ich in München. Allerdings nahmen in Bonn inzwischen die Dinge ihren Lauf. Die Frage, was ein prüfungsberechtigter frauengeschichtlich bestimmter historischer Zusammenhang sei, spitzte sich zu.

Seit der Umwidmung meines Lehrstuhles wurde ich zur Zurückhaltung gemahnt. *Reden Sie nicht so viel von der Frauengeschichte. Suchen Sie nach neutralen Formulierungen*, mahnten wohlwollende Kollegen. Das Historische Seminar hatte sich konsequent gegen eine Klärung, was eigentlich Frauengeschichte sei und in welchem Maße sie im Rahmen der Prüfung zu berücksichtigen sei, gewehrt. Den Kollegen im Historischen Seminar ging es ausschließlich um ihre alleinige Definitionsmacht und um die Aufrechterhaltung ihres eigenen, die Frauengeschichte ausschließenden historischen Bewusstseins. Bei jeder Andeutung des weiblichen Geschlechtes als einer historischen und sozialen Kategorie steigerten sie sich in eine pompöse, lächerlich wirkende, aber mich stets verletzende Haltung der Verachtung hinein. Das Denken des weiblichen Geschlechtes in einem historischen Kontext widersprach dem männlichen Selbstwertgefühl und den herrschenden wissenschaftlichen Diskursregeln.

Wenn ich heute an die Zahl der abgelehnten Prüfungsthemen und der dadurch beschädigten Studentinnen und Studenten im Verlauf meiner Berufstätigkeit denke, erfasst mich immer aufs Neue die Wut. Der Satz: *Ihre Formulierung der Prüfungsthemen akzeptiere ich nicht*, begleitete meine gesamte Tätigkeit im Rahmen meiner Lehre und Forschung zur Frauengeschichte. Und immer wieder geriet ich an Punkte, an denen ich mich entscheiden musste: Wo lagen für mich die Prioritäten? Welche menschlichen Rücksichten sollte ich nehmen? Wann sind die Opfer zu groß?

Ein klärendes Gespräch über die Formulierung meiner Prüfungsthemen kam nicht zustande. *Wählen Sie doch einfach eine andere Formulierung*, hieß es, als ich über das Bewusstsein der Textilarbeiterinnen eine Examensarbeit schreiben lassen wollte. *Sprechen Sie doch einfach von Arbeiterbewusstsein.* Mein Hinweis, dass es in dieser Textilfabrik nur Arbeiterinnen gegeben habe, machte auf meine männlichen Gesprächspartner keinen Eindruck.

In der feministischen Forschung ist viel von der Logozentristik der patriarchalen Diskurs- und Wissenschaftssysteme die Rede. Diese patriarchale Diskursmacht bekam ich zu spüren. In diesen Konflikten machte ich jedoch eine andere, mir wichtigere Erfahrung: In seinen Ursprüngen ist der Logos weiblich; Frauen haben die schöpferische Kraft, Sprache, Bilder und Symbole zu erfinden. Mit Befriedigung stelle ich heute fest, dass der Name Olympe de Gouges und ihre Erklärung der Frauen- und Bürgerinnenrechte Eingang in die Mehrzahl unserer Geschichtsbücher gefunden hat. In der Französischen Revolution formulierten Frauen, nicht Männer das allgemeine Wohl, Demokratie als Geschlechterdemokratie. Diese Einsichten lassen sich nicht unterdrücken.

In den nächsten Jahren hatte ich immer wieder Gelegenheit, die Mechanismen des in den patriarchalen Diskursen produzierten Konfliktes zu erleben und die damit verbundenen falsch gestellten Fragen zu analysieren. Es war ja alles offensichtlich: Männer erklären einfach Bereiche, in denen sie unbeschränkt ihre Wünsche, ihre Gewalt, ihre gewaltsame Sprache ausüben, zu einem privaten oder zu einem öffentlichen Raum, in dem sie jeweils ihre Macht über die gespaltene Frau, über ihren Körper, über ihre Arbeitszeit, über ihre Arbeitskraft nach eigenem Gutdünken ausüben. Sie leugneten die Zusammenhänge von Öffentlichem und Privatem.

Frauen der Frauenbewegung hatten ebenso wie Wissenschaftlerinnen diese Strukturen, die alle europäischen Länder auszeichnen, auf einen einfachen Nenner gebracht: Das Private ist politisch. Wir Frauen müssen die Grenzen zwischen öffentlich und privat nach unseren eigenen Interessen bestimmen. Wir wussten allerdings, dass wir über diese einfachen Erkenntnisse öffentlich schweigen sollten. Aus Protest galt mein Forschungsinteresse der Offenlegung dieser Geschichte der patriarchalen Spiele und der von Frauen erfolgreich durchgeführten, aber immer wieder zur Unsichtbarkeit verurteilten Gegenwehr. Ich wollte die Irrationalität dieser historisch tief verwurzelten patriarchalen Gewalt aufzeigen. Ich wollte sie erkennen. Nur so konnte der Versuch, sie zu bekämpfen, gelingen. Ich spürte dabei die historische Kraft von Frauen und fühlte mich in diesem David-und-Goliath-Spiel abwechselnd so winzig wie der kleine David und so groß wie der Riese Goliath. Ich wusste

Rede auf einer Kundgebung

um einen anderen historischen Maßstab, einen Maßstab, den Frauen in der Geschichte gesetzt haben und der Frauen eigenes Selbstbewusstsein gibt.

Am 28. Mai 2001 nahm ich zum letzten Mal als Mitglied des staatlichen Prüfungsamtes eine Prüfung im Fach Geschichte ab. Die Atmosphäre war gespannt. Wie so oft in den letzten zehn Jahren seit meiner Wiederzulassung zum staatlichen Prüfungsamt war die Examensarbeit meiner Kandidatin von dem Zweitprüfer am Historischen Seminar mit einem von meiner positiven Beurteilung stark abweichenden Gutachten bedacht worden. Die alleinige Begründung für dieses Negativurteil lautete schlicht und einfach: Die Arbeit bewege sich im *Korsett der Frauengeschichte*. Ich wollte diese Fehleinschätzung in der mündlichen Prüfung korrigieren.

Trotz der bedrückenden Atmosphäre lief die Prüfung gut. Die Kandidatin war einfühlsam und intelligent. Sie wurde von dem freundlichen, etwas verlegenen Zweitprüfer mit viel Charme über die Teilnahme von Frauen an den Olympischen Spielen in Sparta geprüft. Die Kandidatin fühlte sich wohl und frei im *Korsett der Frauengeschichte* und freute sich über ein gutes Gesamtergebnis. Nur sehr langsam und auf den unterschiedlichsten Ebenen unseres historischen Bewusstseins bürgern sich frauengeschichtliche Sichtweisen in das allgemeine historische Bewusstsein ein, ein sehr langsamer Weg.

Vor mir liegt Christina von Brauns Buch *Versuch über den Schwindel,* das im Jahre 2001 erschienen ist. Sie kommentiert das Bild einer Frau vor dem Inquisitionstribunal mit dem Satz: *In der Renaissance geht Lust in Schaulust über als eine Form von ›Safer Sex‹.* Dabei denke ich nochmals an die geschickte Inszenierung bei meiner letzten Prüfung, an die freundlichen Bemühungen des Althistorikers, der *auch Frau Kollegin Kuhn* mit einem kleinen Exkurs über die Sportlerinnen bei den olympischen Spielen in Sparta eine Freude bereiten wollte. Ein kleiner Abstecher in die Frauengeschichte, wie er es nannte. Genussreich verweilte er bei dem Bild des nackten Körpers der Sportlerinnen, verwies mit Schmunzeln auf die Gefahren hin, die dieser nackte Körper hervorrufe. Als die Kandidatin auf die Frage, weshalb die Teilnahme von Sportlerinnen in Sparta untersagt wurde, antworten wollte, unterbrach er sie schnell. *Ja, ganz richtig,* fügte er wohlwollend hinzu, *eine Gefährdung der Öffentlichkeit.* Die Kandidatin hatte ihre Maske der schweigenden und scheinbar bewundernden Zustimmung aufgesetzt. Sie hatte ihren Prüfer angestrahlt. Ich sollte mitstrahlen. Ich sollte übersehen, dass mein Kollege erfolgreich den Schwindel mitmachte, dass er sich erfolgreich in einem Prüfungsgespräch bewegte, in dem *›Safer Sex‹* zum Ritual gehörte.

Während meiner Lehrtätigkeit in der Frauengeschichte in den letzten 30 Jahren wurde ich sehr oft an das Bild der

Frau vor dem Inquisitionstribunal und an die verordnete Inszenierung der Frauengeschichte im Kontext der etablierten Männergeschichte erinnert. In den Prüfungssituationen trat das Lächerliche dieser Situation besonders deutlich hervor. Lust geht in Schaulust über. Bei der Prüfung meiner liebenswerten Kollegin strahlte ich nicht zurück. Ich vertiefte mich in die Abfassung des Prüfungs-protokolles und betrachtete erneut die Frage Gewinn und Verlust bei der Institutionalisierung der Frauengeschichte.

Nach über zwölf Jahren des Ausschlusses war ich inzwischen wieder ordentliches Mitglied des Prüfungsamtes geworden. Meine Wiederberufung in das staatliche Prüfungsamt gehörte nur in einem begrenzten Sinn zur Gewinnseite bei meiner Reise in die Frauengeschichte. Mein Blickwechsel mit der Prüfungskandidatin bei meiner letzten Prüfung zur Frauengeschichte versicherte mir, dass es Sinn macht, für diese Institutionalisierung zu kämpfen. Wir waren beide mit dem Ausgang der Prüfung zufrieden. Bei einem oberflächlichen Blick standen den Männern bei dieser Prüfung die Definitionsmacht in der Konstruktion unserer historischen Erinnerung zu. Die genauere Betrachtung dieser Prüfungssituation macht jedoch deutlich, dass diese männliche Definitionsmacht sich nur als eine geliehene, abgeleitete Macht zu behaupten vermag. Zu Recht freuten wir uns über das gelungene Ergebnis.

Als ich im Jahre 1985 aus dem Prüfungsamt entlassen worden war, hatte ich noch Zweifel, ob es für mich ein richtiges Handeln im institutionell gesicherten Falschen gibt. Heute weiß ich, dass es sich lohnt, den Mut aufzubringen, konsequent innerhalb der Grenzen des Gegebenen nach der eigenen Geschichte von Frauen als Orientierungshilfe beim richtigen Handeln im Falschen zu suchen.

Auch bei meiner Emeritierung, als ich miterlebte, wie die

Universität sich weigerte, den *Lehrstuhl Frauengeschichte* beizubehalten, habe ich den Versuch der Institutionalisierung der Frauengeschichte nicht bereut. Denn auch heute bewege ich mich trotz einer grundlegend veränderten Situation, ähnlich wie in der Prüfungssituation im Korsett der großen Männergeschichte. Dieses Korsett hat mich sowohl gestützt als auch behindert. Obwohl es mir während meiner Universitätszeit nicht gelungen ist, dieses Korsett institutionell zu durchbrechen, sind Erkenntnisse aus dem Bereich der Frauengeschichte in das allgemeine historische Bewusstsein eingedrungen.

Wieder sitzt mir Promethea im Nacken. Ich verschweige doch etwas. Fing nicht meine Entdeckungsreise zum Reich der Frauen-Eigengeschichte sehr viel früher an? Lagen dieser Reise nicht tiefer liegende Erfahrungen zugrunde? Folgte ich immer noch den bildungsbürgerlichen Spuren meines Vaters? Oder suchte ich die verborgeneren Wege meiner Mutter, die mich in ein unbekanntes Schattenreich führte? Rückblickend glaube ich, dass beides zutreffend ist.

Ich blieb die Hampelfrau, die Gliederpuppe, die sich noch nicht im Reich der Frauengeschichte frei und selbstbestimmt bewegen konnte. Nur bruchstückhaft vermochte ich mein frauengeschichtliches Wissen in allgemeine historische Erkenntnisse umzusetzen. Schweigegebote zu übertreten, blieb für mich gefahrvoll. Die Verbalisierung, das Sichtbarmachen, die Veröffentlichung von wissenschaftlich gesicherten historischen Daten und Erkenntnissen war aber meine Form der professionellen Gegenwehr. Die Entfaltung meines Lehrgebietes Frauengeschichte wurde zwar behindert, mein historisches Bewusstsein jedoch gestärkt. Langsam begann die Gliederpuppe, die Hampelfrau zusammenzuwachsen, wieder zu tanzen, zu singen.

Mein Vater liebte es, Bildungsrituale im Familienkreis zu inszenieren. Am liebsten in Anwesenheit von Gästen, wenn er als Haus- und Tischherr an der Tafel präsidierte. Mir kam bei diesen Inszenierungen eine Hauptrolle zu. *Annette, wo steht das? Richtig, in der Odyssee. Ach, zitier' doch mal die Verse, im griechischen Hexameter natürlich.* Manchmal machte mir dieses Spiel Spaß, und ich plapperte papageienhaft das gewünschte Zitat nach: lässig, stolz und eine große Selbstverständlichkeit vortäuschend. Aber manchmal reagierte ich anders, wurde bockig, erwiderte hochmütig den Blick meines Vaters. *Nein, das weiß ich nicht.* Dabei genoss ich das Entsetzen, das auf seinem Gesicht geschrieben stand. *Was, das weißt du nicht?* Mutig wiederholte ich meine Aussage. *Nein, das weiß ich nicht.*

Nein. Das weiß ich nicht. Mit meinem bildungsbürgerlichen Selbstbewusstsein und meiner Arroganz spielte ich das Spiel der Männer innerhalb der akademischen Welt und versuchte dabei, mich ihren Regeln zu entziehen. Langsam entdeckte ich dabei die Ursprünge meines eigenen feministischen Bewusstseins.

Wieder dozierte während des kargen Mittagessens mein Vater. Er philosophierte über die Haltung der Athene, wie sie in der Orestie von Aischylos dargestellt wird. Die Stimme der Athene soll hier im Prozess gegen Orest den Ausschlag geben, denn es herrschte in dieser Szene nach der Rede des Apoll Stimmengleichheit. *Die Rede des Apoll kennst du doch.* Mein Vater schaute mich an. Streng. Stolz. Gütig. Ich nickte. Die Worte des Apoll waren mir gegenwärtig. Ich zitierte: *Nicht ist die Mutter ihres Kindes Zeugerin, sie hegt und trägt das auferweckte Leben nur. Es zeugt der Vater. …* Ich schwieg. Mein Vater redete weiter. Ich zitierte nur diese Worte des Apoll. Ich wehrte mich gegen dieses Phantombild der unbefleckten Empfängnis. Ich glaubte nicht an diese Kopfgeburt der Athene.

Urgroßvater Löwenstädt

Mein Vater dozierte weiter. Meine Mutter schwieg. Die Worte der Athene kannte ich auswendig: *Mein ist es abzugeben einen letzten Spruch, und für Orestes lege ich diesen Stein hinein, denn keine Mutter wurde mir, die mich gebar, nein vollen Herzens lobe ich alles männliche. Es siegt Orestes auch bei stimmengleichem Spruch.* Diese Worte wiederholte

Urgroßmutter Fanny Löwenstädt,
geboren am 16. August 1875 in Berlin, gestorben 1941 in Łódż

ich nicht. Sie hämmerten aber an meine Schädeldecke. Gliederpuppe, Hampelfrau, entscheide dich.

Das Ritual wurde nicht gestört. Das Mittagsmahl ging zu Ende. Ich sagte nur: *Ich weiß es nicht.* Den Freispruch der Athene wiederholte ich nicht. Ich wollte Orest nicht von dem Mord an der eigenen Mutter freisprechen. Den historischen Sieg des Vaterrechtes über das Recht der Mutter wollte ich nicht verewigen.

Während meiner Berufszeit habe ich oft *Ich weiß es nicht* gesagt, war wie Athene die Komplizin der Männer. Während meiner Berufszeit gab ich nach. Das Spiel ging weiter. Zu Hause bei meinen Eltern stand ich auf und räumte den Tisch ab.

Nein, das Spiel geht doch nicht nach dem alten Ritus, nach den vertrauten Regeln weiter. In der Ferne höre ich die Stimme meiner Mutter. Sie ist tot. Ihre Worte kann ich aber gut verstehen. Wir umarmen uns. In diese Umarmung schließe ich erstmalig meine Urgroßmutter, meinen Urgroßvater, meine Großmutter, meinen Großvater ein. Diese namenlosen Menschen, deren Namen ich beim Schreiben dieser Autobiographie erst entdeckt habe. Sie heißen Löwenstädt und Lewy: Fanny Löwenstädt, meine Urgroßmutter, die Großmutter meiner Mutter Käthe hatte fünf Schwestern. Agnes, geboren 1871, und Gertrud, geboren 1874, starben in Theresienstadt: Agnes am 17. Oktober 1942 und Gertrud am 20. September 1943. Die anderen Schwestern, Magda, Margarete und Käthe starben vor der Ausrottung der Juden durch die Nationalsozialisten. Ich habe sie entdeckt. Eine Internetrecherche. Jetzt geht das Spiel nach einer neuen Melodie weiter.

Fragen schwirren wie Schmetterlinge in meinem Kopf. Ich greife nach ihnen und spüre meine eigene Vergangenheit. Meine Reise ins Reich der Frauengeschichte setze ich fort: Ich breche ihn auf, den viereckigen Sarg der Geschichte, den Sarg meiner Ängste und höre die Stimmen meiner Vorfahrinnen. Singt weiter. Ich schwinge, getragen von den Welten eurer Wörter, von den Wellen unserer gemeinsamen Geschichte.

Mit oder ohne Gewalt

Ein strahlender Tag. Das Sonnenlicht erfüllt den Raum. Die Worte schreiben sich nieder. Noch einmal zieht mein Berufsleben an mir vorbei. War in diesen fünfundreißig Jahren meines Berufslebens meine Liebeskraft im Schlaf versunken? Fünfunddreißig Berufsjahre – eine lange, embryonale Zeit, in der ich Gewalterfahrungen abwehrte, mich in eine tiefe Höhle verkroch, Jahre, in denen ich fast vergaß, dass Geschichte, auch meine Geschichte, eine große Liebesgeschichte ist. Meine Berufsjahre, Jahre eines großen Tiefschlafes?

Gelegentlich verspüre ich einen scharfen Schmerz. Wie die mutterlose Athene habe ich mein Berufsleben gelebt: unbefangen, unerfahren, blind. In meinem Kopf, voll der kritischen, von abstrakten Theorien geformten Vorsätze, entwickelte sich die intellektuelle Forderung, meinen gelebten Widersprüchen bis an die Wurzel, bis zum Kern, zu Leibe zu rücken. Auf diese Forderung antwortete mein Körper nicht. Zwar spürte ich in der Zeit der 68er-Bewegung den glühenden Kern der Widersprüchlichkeiten, die mein Leben prägten.

Dieser Widerspruchskern im Glutofen meines Innern schmolz nicht. Die Erfahrung des alltäglich erlebten Terrors der Gewalt und das belanglose Reden über Gewalt im täglichen Geschichtsunterricht beunruhigten mich. Ich suchte nach Beurteilungskrite-rien. Gewalt, Kriege wird es immer geben, so die landläufige Auffassung. Die Frage nach einer historisch-politischen Friedenserziehung rückte in den Mittelpunkt meines Interesses und meiner Lehr- und Forschungstätigkeit.

In seiner Eigenschaft als Vorstand der Deutschen Gesellschaft für Friedens- und Konfliktforschung (DGFK) meldete sich Karlheinz Koppe bei mir im Dekanat an. Ich ahnte schon sein Anliegen. Auf Initiative des Bundespräsidenten Gustav Heinemann gegründet, stand die Gesellschaft für Friedens- und Konfliktforschung symbolisch für die politische Vision dieses Bundespräsidenten. Er glaubte an die Demokratiefähigkeit und Friedensbereitschaft der Deutschen. Die Erforschung von gesellschaftlicher Gewalt in ihrem historischen Kontext wurde für mich zum zentralen Thema. Auch Karlheinz Koppe teilte die Vision von Gustav Heinemann und setze sich für ihre Verwirklichung ein.

Die DGFK hatte eine Gastprofessur an der Universität Bonn für den norwegischen Friedensforscher Johan Galtung zur Verfügung gestellt. Aber entsprechend ihrer konservativen Beharrungs- und Obstruktionspolitik und ihrem eigenen Umgang mit Ruhe und Ordnung hatte die Universität Bonn dieses Angebot abgelehnt. Daher wollte Karlheinz Koppe mit mir reden. Wir verstanden uns sofort gut, handelten gemeinsam und erreichten die Berufung von Johan Galtung als Gastprofessor an der Pädagogischen Hochschule Rheinland, Abteilung Bonn. Johan Galtung beeinflusste mich in diesem Semester nachhaltig. Mein Interesse konzentrierte sich immer mehr auf die Frage einer historisch-politischen Friedenserziehung.

Bei meiner Grundlegung einer Geschichtsdidaktik hatte ich mich geschichtstheoretisch auf einen Dreierschritt bezogen: Eine kritische, von den eigenen Erkenntnis-Interessen geleitete Gegenwartsanalyse führte zum historischen Gegenstand, den es zu erschließen galt. Ich sprach von ten-

Karlheinz Koppe

denziellen Entwicklungslinien, die bis in die Gegenwart führen und gegenwartsrelevante, historisch-politische Einsichten ermöglichten. Ich vermochte jedoch das Phänomen der Gewalt in seiner historischen Bewegung nicht analytisch zu fassen. In der Begegnung mit Johan Galtung gewannen meine Fragestellungen eine neue Konkretion und Dynamik. Seine theoretischen Überlegungen boten mir eine bisher unbekannte, sozialwissenschaftlich begründete methodische Basis.

Während des Aufenthalts in Bonn vertiefte Johan Galtung seine Gedanken zur personellen und strukturellen Gewalt. *Gewalt ist die Differenz zwischen dem Aktuellen und dem Potentiellen.* Im Rahmen meines Forschungsprojekts wurde über die heuristische Brauchbarkeit dieses Ansatzes für das historische Erkennen heftig diskutiert.

Noch erregter wurden die Diskussionen, als es galt, historische Einsichten über Gewalt in die Praxis einer historisch-politischen Friedenserziehung zu überführen. Am Beispiel der Englischen Revolution, der so genannten Glorious Revolution von 1648 versuchten wir zu Ergebnissen zu gelangen. Zur gleichen Zeit wurden Israelis und Deutsche bei der Münchner Olympiade ermordet. Gewalt – die Differenz zwischen dem Aktuellen und dem Potentiellen. Wir kamen nicht weiter.

Gewalt – die Differenz zwischen dem Aktuellen und dem Potentiellen. Annäherungsversuche. In gewissem Sinne stimmt dieser Satz. In seinem grellen Lichtstrahl wird der Skandal unserer alltäglichen Politik und unseres wissenschaftlichen und historischen Forschungsinstrumentariums sichtbar. Auf Grund unserer materiellen Ressourcen, aber auch unser ungenützten wissenschaftlichen Ressourcen wären wir in der Lage, die Notlagen zu meistern. Wir tun es nicht. Der zu Tode führende Hunger und die Krankheiten in den Ländern, denen wir die so genannte Unterentwicklung beschert haben und tagtäglich neu bescheren, können behoben werden. Kriege sind keine unabwendbaren Naturkatastrophen. Die Ausbeutung von Kindern und die systematische Unterdrückung von Frauen im Weltmaßstab ist aufhebbar. All diese Formen der Gewalt sind Ausdruck einer strukturellen, aktuellen Gewalt, die blind gegenüber den Möglichkeiten an menschlichem Glück, menschlicher Gesundheit, Gleichheit und Freiheit unter den Menschen ist.

Für mich öffnete der Satz von Johan Galtung *Gewalt ist die Differenz zwischen dem Aktuellen und dem Potentiellen* neue Türen. Meine bisherigen, von der kritischen Theorie beeinflussten Gedanken zur Realutopie gewannen an historischer Tiefe. Nur das Utopische ist realistisch. Die Ansätze aus der Friedensforschung, der Versuch, in einem offenen kommunikativen und kritischen Prozess die Grenzen zwischen dem Aktuellen und dem Potentiellen auszuloten, führten mich mit den Studierenden auf einem gemeinsamen Weg weiter. Forderungen der Friedensbewegung und der Frauenbewegung fielen zusammen. Die Frauen, die an meinen Seminaren teilnahmen, versammelten sich mit ihren Plakaten und Transparenten auf dem Münsterplatz. In großen Lettern stand: *Wir müssen unseren Kindern den Frieden erklären, damit sie nie anderen den Krieg erklären.* Gemeinsam wuchs in dieser Zeit unsere Sensibilität für die eigenen und die fremden Verletzbarkeiten.

Im Sommersemester 1973 verbrachte ich ein Wochenende mit der Projektgruppe *Historisch-politische Friedenserziehung* in Lerbach, einer Tagungsstätte des Gustav-Stresemann-Institutes. Am Abend hatten wir im Fernsehen die Entführung von Andreas Baader verfolgt. Für alle Projektteilnehmer war die gelungene Entführung ein Anlass zur Diskussion. Stellte die Entführung den Sieg einer legitimierbaren Gewalt von unten dar? Im Grunde waren wir ratlos.

Am nächsten Morgen forderte die Gruppe eine Gesprächsrunde, um ihre Selbsterfahrungen untereinander auszutauschen. Die so genannte sachliche Arbeit am Projekt sollte danach erfolgen.

Die Stimmung war bedrückend. In Anwesenheit der anderen erzählte mir die Studentin Erika von ihrer unruhigen Nacht. Wieder hätte sie von ihrer schrecklichen Kindheit geträumt, von Trümmern, von Verlassenheit, von Zerstörung. Erika war ein so genanntes Ami-Kind, ein unerwünschtes Kind, das den dunkelhäutigen Vater niemals zu Gesicht bekommen hatte. Ich wusste von ihren Alkoholproblemen. Wir waren an die sensible Grenze gestoßen, die

Johan Galtung

sich dem wissenschaftlich-analytischen Zugriff entzog. In unserem Umgang miteinander und mit unseren Vergangenheiten erwies sich unser wissenschaftliches Instrumentarium als stumpf, verletzend. Die individuellen, tiefer liegenden, historisch verwurzelten Erfahrungen und Verletzungen hatten wir missachtetet. Jetzt waren wir mit Grenzen und offenen und inneren Wunden konfrontiert, erlebten die Unabwendbarkeit von Schmerz und Tod. Wir wollten lernen, damit sensibel umzugehen.

Erika suchte Hilfe. Das spürten wir. Wie sollte es weitergehen auf diesem Weg der behutsamen, schmerzhaften Erkenntnis und der erneuten Zurückweisungen?

Wie eine dicke Decke legten sich unsere Gewalterfahrungen auf das Schweigen in der Gruppe. Meine eigenen und die von Johan Galtung angeregten Fragen spitzten sich immer mehr in einem geschlechtsbestimmten Sinne zu. Sind Frauen, wie ich es im Gespräch mit Erika erlebte, in erster Linie Opfer? Sind sie Mittäterinnen in einer von patriarchalen Gewaltnormen geprägten Gesellschaft? Welche Bedeutung kommt den eigenständigen Widerstandserfahrungen und -handlungen von Frauen in unserer Gegenwart, in unserer Geschichte zu?

Es dauerte jedoch noch ein weiteres Jahrzehnt, bis ich den Weg von der historisch-politischen Friedensforschung zur Frauengeschichte ging. Unbewusst trat ich eine Erbschaft an, die mit meinem Lehrstuhl verbunden war. Meine Vorgängerinnen waren Klara-Maria Fassbinder, das so genannte *Friedens-Klärchen*, und Renate Riemeck, die Pazifistin, Antifaschistin und Pflegemutter der Ulrike Meinhof. Ulrike Meinhof hatte 1970 ihre journalistische Arbeit aufgegeben, war in den Untergrund gegangen, hatte sich von ihren Kindern getrennt, hatte der Gesellschaft den bewaffneten Kampf erklärt. 1974 wurde sie wegen versuchten Mordes zu acht Jahren Freiheitsstrafe verurteilt. Am 8. Mai 1976 erhängte sie sich in ihrer Zelle. Ihr Plädoyer für die Unantastbarkeit der Würde des Menschen ging ins Leere. Ihr Tod machte uns allen deutlich: Die Würde der Frau ist antastbar.

In jener Zeit habe ich mich immer mehr auf die Stimmen von Frauen verlassen. Ich begann, meine eigenen Erfahrungen als Frau zu reflektieren. Und ich begriff, dass nur Frauen die mich weiterführenden Fragen stellten. Ich hörte auf die Fragen der spätmittelalterlichen Schriftstellerin Christine de Pizan, die eine utopische *Stadt der Frauen* zu errichten suchte und sich dabei von der Frage leiten ließ: *Wollen Frauen, wie es die Männer behaupten, vergewaltigt werden?* Diese Frage bahnte mir den Weg von der historisch-politischen Friedensforschung zur Frauengeschichtsforschung.

Der wissenschaftliche Weg von der Geschichtsdidaktik zur historisch-politischen Friedenserziehung und zur Frauengeschichte war verbunden mit Erfahrungen der Trennung und der Unvereinbarkeiten, denen ich in meinem bisherigen Denken nur mit dualistischen Argumentationen zu begegnen wusste. Diese Erfahrungen begleiteten meine Einübung in das Erwachsenwerden. Es dauerte viele Jahre, bis ich die vielen Fäden meines Lebens wieder in die Hand nehmen konnte. Ich suchte nach einer Einheit im Geist, die den Körper befriedet. *Warum fühle ich, dass es Trennungen und Widerstände im Geist gibt, wie es aus offensichtlichen Gründen Spannungen für den Körper gibt?* Virginia Woolf formulierte mit diesen Worten die Frage, die mich in meinem Berufsalltag quälte.

Ich vermochte es nicht, ohne imperiale Allmachtsgelüste Geist und Körper miteinander in Einklang zu bringen. Ich wollte im »weißen Licht« kreativ in der Sophia-Tradition wirken, wollte in dieser Tradition schreiben, wollte bei mir sein in einem *weiß glühenden, Ich-vergessenen Denken.* Dies ist mir nicht gelungen. *Bis zur Wurzel des Übels vordringen, zum Eiterherd, dorthin, wo der glühende Kern der Wahrheit mit dem Kern der Lüge zusammenfällt.*

Diese Worte von Christa Wolf drücken meine Sehnsucht aus. Während meines Berufslebens, während ich im Käfig der universitären, patriarchalen Denkwelt herumirrte, blieb mir dieses Ziel vor Augen. Denn in diesen Jahren hockte Promethea neben mir. Ich schaute sie an, zerpflückte vor ihr das Gänseblümchen: *Soll ich weitespielen? Sprich, Promethea.* Ich stellte ihr Fragen: *Promethea, ist ein Leben ohne Gewalt möglich? Erkläre mir die Regeln. Was wird gespielt?*

Promethea putzte ihre bunten Federn. Sie gab mir keine Antwort. Meine Berufsjahre. Immer neue Versuche, die Ursachen der Gewalt zu erkennen. Ich schärfte meinen

Blick für die Verletzungen, die ich anderen zufügte, die ich erlitt.

Meine Lippen brannten. Sie berührten die Lippen meiner Freundin, meiner Mutter, meiner mir unbekannten Familie, der Familie meiner Mutter, deren Namen ich damals nicht kannte. Lewy, Löwenstädt. Ich sammelte die zerbrochenen Glieder ein. Sie fügten sich wieder zusammen. Ohne Gewalt. Mein Berufsleben, ein Leben voller Gewalterfahrungen. Mein Leben – ein Spielball fremder Macht. Ein Leben, eingehüllt in einen Wach-Schlaf. Im Schlaf rief ich: *Ich will nicht vergewaltigt werden.* Während meines Berufslebens habe ich immer in Gewaltstrukturen gehandelt, wurde aber nicht vergewaltigt. Den Forderungen meiner Kollegen, die Polizei ins Haus zu rufen, kam ich nicht nach. Es gab keinen Flächenbrand. Promethea hockte stets an meiner Seite.

Erzähl mir, Promethea, was wird gespielt? Verspiele ich mein Leben?

Promethea blinzelt mich, die Gliederpuppe, die Hampelfrau, mit ihren kleinen, klugen Augen an. Sie kennt die Antwort auf meine Frage. Sie bleibt geduldig neben mir sitzen. Zusammen spielen wir, bis zu meiner Emeritierung. Gegenseitig schauen wir uns an. Wir lachen zusammen. Wir spielen ein Leben ohne Gewalt. Wenn ich früh tanze, ist mein Körper Musik. Mittags ist er eine Trompete. Abends eine Flöte. Promethea tanzt mit mir.

III.

DER WECHSELBALG MIT NAMEN: EMERITA

Zwischenzeit

Was ist passiert? Ich werde alt. Ich weiß es. In mir spricht eine Stimme: *Du wirst alt, alt, alt, alt.*

Die Stimme ist weich, warm, voll. Sie singt. Sie weckt neue Töne in meinem Körper. Sie trommelt in meiner Magengegend. Sie kitzelt mich an den Zehen.

Ich liebe diese Stimme, dieses Trommeln in der Magengegend, dieses Kitzeln an den Zehen, dieses alt werden. Ich werde alt.

Vor über 30 Jahren ließ meine Mutter das unsichtbare Seil zwischen Leben und Tod aus ihren Händen gleiten, das Seil, das ich jetzt in der Dunkelheit und der Lichterflut meiner Zwischenzeit ergreife. Mit meiner Mutter taumele ich in einem Meer erloschener Sterne. Die Zeit, die Sterne zu betrachten, ist gekommen. Gedichte aus meiner Kinderzeit kehren wieder. *Love has not fled. Love is here, amidst a crowd of stars.*

Ich lebe in einer Zwischenzeit. Die Gliederpuppe, die Hampelfrau wächst zusammen. Eingebunden zwischen langen Vergangenheiten und kurzen Zukünften greife ich nach dem Vergangenen, hauche Leben in das Tote. Ich liebe, ich träume, ich spiele: Endlich wachse ich zusammen. Die Schmerzen sind groß. Trennungen sind schwer. Ich werde reicher, glücklicher. Hampelfrau, Gliederpuppe. Wir wachsen zusammen, du und ich. Größer, immer größer wird mein goldener Stern. Die Hampelfrau, die Gliederpuppe, wir verglühen in der langen, in der kurzen Zwischenzeit, die ich Leben nenne.

Meine Mutter, um 1901

Täglich zelebriere ich den großen Luxus der Langsamkeit. Anna war aus dem Haus gezogen, das wir zusammen gebaut und bewohnt hatten. Sie nahm alle Möbel, Erbstücke ihrer Eltern, mit. Jetzt gehörte das Haus mir allein. Es war vollkommen leer. Unfertige Manuskripte, abgebrochene Gedanken, zerrissene Fäden der Freundschaften und der Gefühle lagen wie Glassplitter um mich herum.

Die Packer brachten meine Möbel aus München, Erbstücke meiner Eltern: das Biedermeier-Esszimmer, den alten Schrank aus dem 17. Jahrhundert mit dem österreichischen Doppeladler, die bei Radspieler in München angefertigte Sitzgarnitur nach einer Vorlage aus der Goethe-Zeit. Der leicht geschwungene Sessel trägt den Namen *Cornelia.*

Ich setze mich wieder auf meinen Lieblingsstuhl. Wie soll es weitergehen? Ich will Verse schmieden, alle meine früheren Anfänge im Reich der Gedanken und der Träume umsetzen in eine neue Sprache; ich will nach einer alten Melodie neue Lieder schreiben. Ich will die Scherben meines Lebens wieder zusammenfügen. Alle wieder zusammenwerfen, symbolein, wie die Griechen sagen. Nach einer alten Sage zerbrachen die Griechen nach dem großen Festmahl den Weinkrug, und jeder Gast bekam eine Scherbe zur Erinnerung. Später trafen sich die Gäste wieder. Sie kamen zu einem großen Festmahl zusammen, um gemeinsam beim fröhlichen Zusammensein die Scherben erneut zusammenzufügen. Der Weinkrug, Symbol der Freundschaft, wird auf diese Weise ganz. Dieses Bild stand mir vor Augen, als die Packer aus München die alten Möbel meiner Eltern in mein leeres Haus brachten.

Die Worte von Hélène Cixous gehen mir nicht aus dem Kopf: Die Poesie, die wir in die Tasche stecken, wird allzu leicht »nazifiziert«. Sie dachte dabei an die Gedichte von Rilke und Hölderlin, die die Soldaten im Ersten Weltkrieg in ihren Tornistern mit sich trugen: *Die Poesie bietet sich dazu in dem Maße an, wie sie total ahistorisch ist.* Im Grunde suche ich noch nach einer Poesie, die die historische Wirklichkeit entlarvt und nicht zu einer ahistorischen Sicht verführt. Mit meinem neuen Lebensabschnitt rückt die Erinnerung an fern zurückliegende Zeiten wieder näher. Der Holocaust wird mir mit einer immer größer werdenden zeitlichen Distanz immer mehr zur Gegenwart. Ich kann die Bearbeitung von schwierigen Themen nicht mehr wie in meinen Berufsjahren delegieren. Mein Thema ist nicht mehr delegierbar.

In meinem neuen Lebensort in der Zwischenzeit bewege ich mich mit neuen Fragen in offenen Grenzzonen zwischen Opfern und Tätern, Opfern und Täterinnen. Ich will weiterhin Historikerin bleiben. Besser gesagt: Ich will jetzt eine gute Historikerin werden. Dazu muss ich andere Wege gehen. Die Methoden des Historikers verdecken immer wieder die historische Wahrheit, die ich suche. Als die ehemalige Wehrmachtshelferin Ilse Schmidt an ihrem autobiografischen Bericht arbeitete, akzeptierte sie die Bezeichnung: *Mitläuferin.* Ihre Freundschaft und Offenheit hat mir geholfen, an meiner Vision von einer reichen Erinnerungskultur in Deutschland festzuhalten.

Zwischenzeit: Die Dinge werden schöner, lebendiger, seitdem ich mit ihnen allein lebe. Ich verbringe viel Zeit in meinem Garten, beobachte die Knospen der Rosen, die sich langsam öffnen, die Schmetterlinge, die auf ihren bunten Flügeln das Sonnenlicht spiegeln. Ich erinnere mich neu und vergesse schnell. Die Zukunft schrumpft. Sie wird Gegenwart, schwere, träge Gegenwart. Ertrotzte Zeit, unbarmherzige Zeit. Gegenwart der Erinnerungen. Ich will versuchen, die Geschichte meiner Mutter, der »Volljüdin«, zu erzählen, ohne meine »arische Großmutter« zu verraten. Ich will eindringen in die Sprache der Mörder und hören auf die Stimmen der Überlebenden. Eine Zwischenzeit in der Bewegung der Zeit, in der Spirale der Zeit, der ich angehöre. Ich versuche anzukommen und stolpere immer wieder über meine Verspätungen wie über einen fremden Schuh in meiner Wohnung. Ich komme in meiner Eile zu früh ans Ziel. Ich lebe meine Ungleichzeitigkeiten. Neben mir stehen meine Mutter, mein Vater, Anna, Eva, Barbara, mein Bruder Reinhard. Unruhige Gedanken. Legt euch nieder. In den Falten der Erinnerung. In den Wellen deiner Haare. In den Rundungen deines Körpers. Der Frauenkörper: Abbild des Ursprungs aller Dinge. Ich denke an die Grundrisse der Wohnanlagen auf Malta, entworfen vor vielen tausenden von Jahren nach dem Bild des Frauenkörpers. Ich liege in den Falten der Erinnerungen.

Jetzt bin ich 65. Eine Emerita. Mit Pu klettere ich auf Bäume, mit ihm suche ich meine Honigtöpfe. Promethea schaut mit Vergnügen zu.

Ich bin aktiv, ich baue an einem Haus der Frauengeschichte, will eine Stadt der Frauen errichten, wie die mutige Christine de Pizan vor mehr als 500 Jahren. Kann ich noch so hoch klettern? Werden mir neue Flügel wachsen? Promethea zwinkert: *Ja, sie wachsen schon.* Wir lachen gemeinsam.

Im Archiv liegen kostbare Erbschaften, ungelesene Briefe, Manuskripte. *Was mache ich mit dem ganzen Gepäck?* Soll ich den Schlüssel noch behalten? Soll ich ihn in andere Hände geben? Soll ich ihn wegwerfen? *Mein Berufsleben ist zu Ende.* Promethea schlägt nur belustigt mit ihren Flügeln. *Lach nicht, Promethea. Ich muss dir etwas anvertrauen. Ich bin wieder verliebt.* Ich schaue auf Prometheas glänzendes Gefieder. Promethea verwandelt sich in eine gefiederte Schlange und flüstert mir etwas ins Ohr. Unsere Paradiesgeschichte. Die Scherben meines zerbrochenen Kruges sind lebendige Steine, die zu mir reden. Gliederpuppe, Hampelfrau, ich spüre wie ich wieder zusammenwachse.

Wieder greife ich nach dem Vergangenen, drücke es, presse es und hauche Leben in das Tote. Ich spiele mit Zukünftigem. Gliederpuppe, Hampelfrau. Freue dich. Ich wachse zusammen. Ich gebe ein Fest.

Das Fest

Es war ein großes Fest. Am 22., 23. und 24. Mai – drei Tage lang wurde gefeiert. Der Anlass war mein 65. Geburtstag, gefeiert aber wurde, ohne den genauen Grund benennen zu können. Mein Weg vom Berufsleben in den Status einer Emerita, mein Weg aus der Welt der Zwänge und Notwendigkeiten in das Reich der Freiheiten aller Art, Zeit zum langen Ausschlafen, zum in der Sonne liegen und die Blumen im Garten beobachten. Zeit haben, das ist gewiss ein entscheidendes Stichwort. Nach meiner eigenen Fasson arbeiten, dichten und träumen und vor allem, mit allen, die ich lieb habe, zusammen sein zu können. Grund genug, drei Tage mit vielen Freundinnen und Freunden, mit Verwandten und meiner Familie zu feiern. Warme Maitage. Mich umhüllte eine wärmende Decke von Freundschaften. Alles war hell, mit einer tiefen Dunkelheit im Zentrum des Lichtes. Jetzt beginnt etwas Neues. Die Karten werden neu gemischt.

Sie waren alle gekommen: die Familie meines verstorbenen Bruders aus den USA, Schwägerin Ira und Peter, mein Neffe Bernhard mit seiner Frau Judy, Eva aus Oxford, Margarethe und die vielen, vielen Weggefährtinnen und Freunde. Judy und Bernhard waren schon vor dem Dreitagefest eingetroffen. Judy schälte Berge von Bornheimer Spargel, während Bernhard ulkte: *Du weißt ja, Annette, es soll regnen.* Er wusste, dass wir im Garten, im Freien sitzen würden. Im Hause gab es keinen Tisch, der groß genug war, um allen Gästen Platz zu bieten. Die Sonne strahlte, wäh-

Mein Kollege Günter Walzik, ich, Eva Glees und Susanne Thurn, dahinter mein Neffe Bernhard

rend er lachte: *Es wird Regen geben.* Fast wäre ich auf seine Späßchen hereingefallen. Wir hatten eine Kellertür ausgehängt und als Tischplattenersatz auf zwei Böcke gelegt. Während wir alle im Garten beim Spargelessen saßen, bildeten sich kleine Wölkchen. Ein kurzer Regenschauer. Wir rückten unsere Türplatte unter das vorspringende Dach. Schnell verzog sich der Regen. Ich war glücklich, wusste aber nicht genau, warum. Die Spirale der Veränderung erfasste mich. Ich überließ mich ganz ihren Schwindel erregenden Schwingungen. Halt suchte ich am Geländer meines turmartigen Hauses, das alle Gäste aufnahm. Es kamen immer mehr. Das Haus war voll. Der Garten ertönte von den vielen Stimmen. Hier war ich zu Hause.

Im Stimmgewirr des Festes vernahm ich die Frauensprache. Die richtig gestellten Fragen, die ungehörigen, die geschlechtsbestimmten Fragen. *Mit meiner Stimme spre-*

chen. Mehr will ich nicht. Ich hörte auf diese Stimme, auf die Sprache der Christine de Pizan, die mir zurief: *Darum werde wieder du selbst, bediene dich deines Verstandes und kümmere dich nicht weiter um solche Torheiten.* Christine de Pizan dachte dabei an die frauenfeindlichen Argumentationsweisen ihrer Zeitgenossen und der philosophisch-theologischen Tradition.

Langsam bahnten die Widersprüche, die mein bisheriges Leben prägten, mir neue Wege. Träume aus Beton? Schmetterlinge aus Eisen? Lebewesen aus Plastik? Diese Bilder aus der magischen Poesie der Friederike Mayröcker lösten sich für mich in bunte Schmetterlingsschwärme auf. Alle unterhielten sich miteinander: meine Freundin Eva, Judy, Bernhard, Ira, Peter.

Ich dachte an die Worte von Pavel Friedman: Einen Schmetterling habe ich hier nicht gesehen. Der letzte war's, der allerletzte. Denn Schmetterlinge leben nicht hier. Pavel Friedman schrieb diese Zeilen mit 23 Jahren, kurz vor seinem Tod am 29. September 1944. Schmetterlinge flogen durch die Luft. Wir alle gehörten zu den Überlebenden. Wir feierten – drei Tage lang.

Als die Gäste abgereist waren, ließ ich mich von dem Duft des Festes in den verschiedenen Räumen meines Hauses umhüllen. Mit diesem Fest begann etwas Neues. Ich rief vergessene Erinnerungsbilder hervor, um das Neue, das tief in den Anfängen meines Seins wurzelt, zu begreifen. *Das Geheimnis der Erlösung heißt Erinnerung*, Worte, soviel ich weiß, von Martin Buber.

Mein Haus will ich allein bewohnen. Ich spüre noch den Schmerz des Abschiedes von Anna. Die Wände meines Hauses sind nicht mehr leer. Im Wohnzimmer hängt das Familienfoto aus dem Jahre 1902. Es zeigt meine dreijährige Mutter, daneben der ältere Bruder Otto und ihre

Ehepaar Lewy mit seinen Kindern Käthe und Otto, 1902

Eltern. Das große Ölgemälde von Elle Ladenburg, Reinhards Patentante, der schönsten Frau von Breslau, wie es hieß, hängt über dem Sofa. Elle stand damals neben meinem Vater am Hafen, als wir – meine Mutter, Reinhard und ich – in Amerika ankamen.

Im Treppenhaus, auf der Diele, in allen freien Ecken hän-

Meine Mutter, 4. v. l. ihr Bruder Otto, sitzend ihre Eltern

gen die Fotografien, die ich auf meinen Reisen gemacht habe. Der Swimmingpool im Hause meines Bruders, die Hochzeitsbilder von Judy und Bernhard, die Rosenbilder aus meinem Garten und vor allem die Malta-Bilder. Auf meinem Fest hatten meine Freundinnen gefragt: *Wofür hast du gelebt? Wofür gekämpft? Was ist geblieben?* Ich antwortete: *Die Tonvase, die bei meiner Geburt zerbrach, sie füge ich wieder zusammen. Ich finde in den Ecken die verlorenen Scherben.*

In diesem Haus entdecke ich meine eigene Familie. Ich bin mit einer Frau namens Sarah Lewy verwandt. Sie ist für mich eine Königin. *Königin, besuche mich bei Nacht. Wenn die Wächter schlafen, breite deine Decke aus, auf deiner Decke tanzen wir hinaus in die Nacht, wenn die Wächter schlafen.* Ich heiße Sarah Lewy. Ich bin mit dir verwandt. Ich bin deine Tochter.

Ich trage einen goldenen Stern

Sind Sie Jüdin? Die Stimme war klar und bestimmt, aber auch von einer mich berührenden Wärme. Ich erschrak. War schockiert. Diese Frau am Telefon kannte ich nicht. Und niemals hatte mir jemand diese Frage gestellt; eine direkte, einfache Frage, die mich aber empörte und aufwühlte. Ich antwortete mit einer mir selbst fremden Stimme *Ja, ich bin Jüdin.*

Den Namen dieser fremden Frau am Telefon kannte ich. Bei der Vorbereitung der Ausstellung *100 Jahre Frauenstudium an der Universität Bonn* hatten Monika und andere Projektmitarbeiterinnen Akten aus dem Bonner Universitätsarchiv hervorgeholt, die bisher unaufgeschlagen geblieben waren: Eingaben von Frauen, die studieren wollten, Gutachten der Professoren über Nachteile, Gefahren und Vorteile des Frauenstudiums, Anträge von Frauen auf das Recht, sich zu habilitieren. Zu den ungelesenen Akten gehörten die vielen Schriftstücke, die von dem vorauseilenden Gehorsam der Bonner Universität bei der Arisierung der Hochschule zeugten. Von diesem Übereifer der deutschen Beamten waren in einem überdurchschnittlichen Ausmaß Studentinnen jüdischer Herkunft betroffen. Unter diesen Akten fand sich der Schriftwechsel einer 1909 geborenen Studentin der Zahnmedizin, die sich gegen die Nichtanerkennung ihres Doktorgrades wehrte. Diese Studentin hieß Eva Glees, geborene Loeb.

So weit die Vorgeschichte. Eva Glees wollten wir als Zeitzeugin zur Eröffnung der Ausstellung einladen. Daher rief

Eva Glees

ich sie an. Aber warum stellte sie mir die Frage: *Sind Sie Jüdin?* Als ich sie später hierüber befragte, war sie verwundert: *Ich kann mir gar nicht vorstellen, eine solche Frage gestellt zu haben. Ich interessiere mich gar nicht dafür, ob eine jüdisch ist oder nicht. Ich weiß zwar, ich bin ein Opfer der Nazis, aber ich kann immer nie eine rechte Verbindung zwischen meiner Vertreibung aus Nazi-Deutschland und der Tatsache, dass ich Jüdin bin, herstellen. Irgend etwas schaltet sich dann immer bei mir aus. Ich kann mir gar nicht vorstellen, dass ich so eine Frage gestellt habe.*

Ich begriff, weshalb Eva Glees sich nicht mit der Frage ihrer jüdischen Identität auseinandersetzen wollte. Zwei ihrer Schwestern waren von den Nazis ermordet worden. Sie konnte 1935 rechtzeitig nach Holland, später nach England fliehen. Warum hat sie aber die Frage der jüdischen Identität an mich gerichtet? Suchte sie nach einer Brücke, die sie nicht fand? Gab es überhaupt eine Brücke? Die Frage, die Eva Glees mir gestellt hat, hat mir geholfen, meinen Judenstern, der in der verkohlten Erde verborgen lag, zu finden. Sie brachte ihn ans Licht. Diese fremde Frau erkannte mich. Und ich lernte, mich als Jüdin erkennen. Ich wagte, in dieses grelle, dunkle, scharfe Licht zu schauen und ohne Furcht zu sagen: Ich trage einen goldenen Stern. Es entstand eine wunderbare Freundschaft zwischen Eva Glees und mir. Wir bauten Brücken.

Jetzt wusste ich es. Auch meine Mutter trug einen goldenen Stern, der sie langsam verzehrte. Sie hatte ihn tief verborgen, hatte ihn in ihrem Körper eingegraben, um ihn vor der Welt unsichtbar zu machen. Und er hatte ihr Innerstes ausgebrannt, bis sie erlosch. Ich erinnere mich noch einmal an die Stunden an ihrem Sterbebett. Sie konnte kaum sprechen und formte doch die Worte: *Ruf Reinhard.* Sie wollte den Stern weitergeben. Gehörte dieser Stern unserer Familie, einer verstreuten Familie, die doch eng zusammengehört? Reinhard starb – kaum fünfzigjährig. Der Stern erlosch nicht. Ich erkenne ihn in seinen Kindern.

Ich folge nun dem goldenen Stern der Käthe Kuhn, geborene Lewy, der toten Frau, deren Mädchenname mir in ihrer Todesstunde noch unbekannt war, die, ohne mein Wissen als Jüdin lebte und starb, die meine Mutter war. Heute frage ich mich immer wieder, wie konnte ich meinen goldenen Stern so lange verstecken? Ist er mir einfach abhanden gekommen, wie ein fremdes Spielzeug? Nein. Ich habe ihn vertrieben. Ich erfand für mich einen judenfreien Körper. Ich trug ein weißes Kleid und sagte: *ja* zu einer Institution, die Synagogen niederbrennt. Um Gottes Willen. Um ihm die Ehre zu geben. Ich habe für die Bekehrung der Juden gebetet und an einen judenfreien Himmel geglaubt. In Nachahmung der patriarchal verformten Maria verleugnete ich Eva und nahm die Vergewaltigungen der Frauen nicht wahr. Die Mutter aller Lebendigen habe ich verstoßen.

Mein goldener Stern ließ sich nicht vertreiben. Bei dem Nachplappern der hochmütigen Christenworte habe ich nicht ganz vergessen können, wer ich eigentlich bin. Nochmals erinnere ich mich, wie mein Bruder Reinhard neben mir bei der Beerdigung meiner Mutter saß, er, der Ungläubige, der aber vom Verlangen erfasst wurde, an der Kommunion teilzunehmen. Gemeinsam gingen wir zum *Tisch des Herrn*, der Priester warf mir einen bösen Blick zu, er wagte es aber nicht, Reinhard von diesem Erinnerungsmahl auszuschließen. War es Wut oder Hilflosigkeit, die ich in dem zornigen Blick des Priesters sah? Hatte er gemerkt, dass ich seinen Betrug aufgedeckt hatte? Die Heilige Kommunion – ein Liebesmahl? Mit welchem Recht schloss er Liebende aus? Trotz meiner Erfahrungen des Ausschlusses im Namen der christlichen Liebe blieb ich in der Kirche. Ich nahm weiterhin den Schutzmantel an, den ich gemeinsam mit Anna getragen hatte und der allen Trennungen zum Trotz ganz geblieben war. Der goldene Stern aber brannte in mir – irgendwo, irgendwie.

In den vielen Jahren meines Berufslebens hat sich mein goldener Stern in hartes Metall verwandelt, in ein Mineral, in Stein, in den Stoff, der überdauert und Geheimnisse bewahrt. Unwissend habe ich oft von diesem goldenen Stern gesungen und geträumt: *Weißt du, wie viel Sternlein stehen?* Ich habe mich immer gefragt, ob Gott sie wirklich gezählt hatte, richtig gezählt, keinen vergessen, keinen ausgestoßen. Ich panzerte mich aber mit den Lügen von der verwalteten Liebe. Unter diesen Lügen verbarg sich mein goldener Stern.

Am 22. Mai 2000 feierte ich meinen Geburtstag in Bonn. 20 Frauen aus Polen, die als Zwangsarbeiterinnen hier im NS-Deutschland gedemütigt und ausgebeutet wurden, waren einer Einladung der Stadt gefolgt, um an diesen Ort schmerzhafter Erinnerungen zurückzukehren und alten und neuen Freunden zu begegnen. Jolanta, eine gebürtige Polin und aus eigener Lebenserfahrung Jüdin, hatte dieses

Treffen arrangiert. Als Siebzehnjährige war sie in ihrer Heimatstadt in Polen von einem Deutschen überfallen worden. *Es war der 1. August 1968. Der Antisemitismus hatte in diesem Jahr in Polen seinen Höhepunkt erreicht. Ich weiß nicht, wer dieser Mann war. Ich weiß, an diesem Tage wurde ich zur Jüdin.*

Jolanta hatte an einer früheren Ausstellung zum NS-Frauenalltag in Bonn mitgewirkt. Sie hatte damals für die verstorbenen polnischen Kinder der Zwangsarbeiterinnen eine Erinnerungsstätte errichtet. Einen Grabstein, in der Nähe des Nordfriedhofes in Bonn gefunden, stellte sie in den Raum. Damals schaute ich Jolanta bei ihrer Arbeit zu, wollte wie eine Mutter meine Flügel über sie ausbreiten, um sie bei ihrer Arbeit zu schützen. Das war nicht nötig. Jolanta war zäh: eine schmale, gebrechlich wirkende, starke Frau.

An diesem Tage, dem 22. Mai 2000, hatte sie ihr Ziel erreicht. Die 20 Zwangsarbeiterinnen aus Polen waren nach Bonn zurückgekehrt. Würdevoll, fröhlich, Frauen, die nichts vergaßen. Ich erzählte ihnen, heute sei mein Geburtstag, und wir umarmten uns. Ich spürte die Wärme ihrer Körper, ich wusste: Wir sind alle geboren unter einem goldenen Stern. Ich bin nicht allein. *Du siehst glücklich aus*, meinte Jolanta. *Du strebst nach Harmonie.* Ja, antwortete ich. *Sonst verliere ich den Verstand.*

Als ich in Oxford bei Eva meinen Geburtstag nachfeierte, saßen wir zusammen in ihrem Wohnzimmer und hörten Musik, zuerst die Otto-Klemperer-Aufführung des *Lieds von der Erde* von Gustav Mahler, um sie mit der Aufnahme von Bruno Walther vergleichen zu können. Musik und Wörter schwingen ineinander und bilden einen einzigen Körper, um wieder auseinander zu gehen.

Pu und Promethea setzten sich zu uns ins Wohnzimmer. Ein merkwürdiges Paar, singend, brummend, Arm in Arm.

Sind sie ineinander verliebt? Pu und Promethea erzählten uns die Geschichte vom goldenen Stern.

Promethea hatte sich im Bärenfell von Pu festgekrallt. Sie krähte: *Ich bin so glücklich. Schau mich an.* Und Pu brummte vor sich hin: *Sie ist schön. Wunderschön.* Promethea und Pu lachen und scherzen miteinander. *Wir holen uns Honig*, meinte Pu. Prometheas Federn spielen im Licht. Wieder verwandelt sie sich in die gefiederte Schlange, kräht allerdings weiter: *Ich brauche keinen Spiegel. Ich brauche keinen Stern.* Währenddessen sang Pu vor sich hin: *Ich bin ein Spiegel. Ich bin ein Stern.*

Eva und ich schwiegen. Als ich mich umschaute, waren Pu und Promethea verschwunden. Sie hatten aber etwas fallen gelassen – einen wunderschönen, goldenen Spiegel. Ich hob ihn auf: *Oh, mein Spiegel ist von großer Erhabenheit. Nicht zufällig umrahmen ihn, wie du siehst, kostbare Edelsteine, denn er offenbart das Wesen, die Eigenschaften, die Verhältnisse und Maße aller Dinge: Ohne ihn kann nichts gelingen.* Diese Worte aus dem *Buch von der Stadt der Frauen* der Christine de Pizan kamen mir in den Sinn. Wir beide, Eva und ich, wussten: Wir brauchen noch diesen Spiegel, damit wir unseren goldenen Stern nicht verlieren.

Der goldene Stern gehört uns nicht allein: *Wir haben ihn alle eingebrannt, den goldenen Stern. Oder nur die, die sich trauen, ihn zu fühlen? Als Schmerz, als Glück und Freude, untrennbar miteinander vermischt. Ich denke an den Zusammenhang von Schmerz, Glück und Tod bei der Geburt.* Diese Zeilen schrieb mir Barbara am 20. Juni 2002, als ich Eva zu Ehren zu einer abendlichen Lesung von Gedichten von Barbara und Briefen aus dem Buch meiner Mutter: *Du hast mich heimgesucht bei Nacht* in mein Haus eingeladen habe. An diesem Abend leuchtete der goldene Stern wunderschön.

Es weint in mir

Christine de Pizan hatte mich über die Bedeutung des Spiegels belehrt. Sie gehört zu den hartnäckigsten Frauen unter meinen vielen Geburtshelferinnen. Immer wieder ruft sie mir zu: *Grabe tief.* In der Tiefe bleibt aber – und auch das weiß sie – alles Geheimnis. Vor mir liegt das Schatzkästlein, in dem ich nach dem Tod meiner Mutter die Liebesbriefe der Käthe Lewy an Helmut fand. Ich habe bei dieser Entdeckung viel, viel geweint. Erst als erwachsene Frau, die den Tod der Mutter betrauert, erfahre ich, dass meine Mutter Jüdin ist. Erst jetzt weiß ich es. Das Kästchen habe ich wieder zugemacht, die Liebesbriefe lese ich nicht. Es weint in mir.

Es weint in mir
das neugeborene Kind
Es weint.

Warm ist es im Leib der Mutter,
ich bin die Mutter
ich bin das Kind
wir weinen zusammen.
Wir umfassen uns, es weint in mir das neugeborene Kind.

Es weint in mir
das neugeborene Mädchen.
Es hat Hunger,
wir weinen zusammen.

Meine Mutter, 1898

Es weint, es schreit in meinem Bauch.
Das Mädchen will neu geboren werden.
Wir schreien, wir weinen, wir lachen,
wir erinnern uns.

Du siehst ja gar nicht jüdisch aus. Das höre ich oft, wenn ich unter Menschen bin, die mit ihrem Judentum umgehen, ihr Judentum mal hassen, mal lieben und niemals vergessen. Eva sagt: *Du hast blaue Augen. Wirklich, glaube es mir, du hast blaue Augen.* Sie irrt. Mein Vater hatte blaue Augen, meine sind grau, grün, haselnussfarben, hazel, wie es in meinem amerikanischen Pass hieß. Was ist denn jüdisch an mir? Nicht das Äußere, auch nicht die religiöse Welt. Meine Sehnsüchte? Meine Gefühle? Mein Verstand? Ich weiß es einfach nicht. Wenn ich Gedichte von Rose Ausländer oder Else Lasker-Schüler lese oder Musik jüdischer Komponisten höre, sage ich mir: *Ja, das ist mein Judentum, eine klare, frohe, geistige Welt, die alles zum Schwingen und Tanzen bringt und Ordnungen aufleuchten lässt, die menschlich und göttlich zugleich sind.*

Viele Familienbilder liegen vor mir. Meine Tante aus Oxford schickte sie mir: *Ich bin immer noch, oder wieder einmal, am Sortieren, Ansehen, Ordnen, manchmal auch Wegschmeißen, von alten Briefschaften und Fotografien*, hieß es in ihrem Brief vom 10. Mai 1996. Beigelegt waren Bilder von meinem Vater als junger Offizier im Ersten Weltkrieg und von meiner Mutter, als sie als junges Mädchen neben ihrer künftigen Schwiegermutter im Familienkreis saß.

Meine Tante kommentierte die Bilder, sprach vom Familienleben, das *sehr innig und gemütlich* gewesen sei. *Ein gewisser Bruch trat ein mit der Heirat deines Vaters, was sich aber dann mit der Geburt Reinhards bald heilte. Ob es rein persönlich war, oder auch mitspielte, dass Käthe jüdisch war, weiß ich nicht.* Es folgen Ausführungen zum Heiratsverhalten der Familie meines Vaters und seines Bruders Heinrich. *Interessant, wie diese ganze Generation, gebürtige Juden, dann christlich heirateten. Heinis Vater ist aus Überzeugung der christlichen Ethik dazugekommen. Und natürlich auch, weil seine junge Frau sehr christlich erzogen war. Sie war Diakonissin und so weiter. Aber auch Georg Kuhn heiratete nicht jüdisch, sondern die ganz arische Holländerin, eine Konzertsängerin, Johanna van der Linden, van den*

Großmutter Lewy

Meine Mutter (Mitte) mit ihren künftigen Schwiegereltern

Hövel. Und die Schwester, Tante Hedi, heiratete Professor Theodor Grosse an der Dresdener Akademie.

Der jüdische Traum der Assimilierung. *Heirate einen Arier*, hatte die Mutter meiner Freundin Eva ihr geraten. *Das löst all' unsere Probleme.*

Ich betrachte die Fotos. Meine Mutter mit meiner Großmutter Lewy, meine Mutter als kleines Kind. Die Torheit der Mütter schmerzt. Ich fühle mich fremd unter diesen Menschen, die sich so sehr zu Hause fühlen.

Meine Tante schließt ihren Brief mit einem herzlichen Gruß: *So hoffe ich, dass auch dir und eventuell den jungen Kuhn-Brüdern* – sie denkt dabei an meine beiden Neffen Bernhard und Nikolaus – *die alten Fotos von Interesse sein werden. Dein Vater, ein junger Leutnant, stolz und elegant in seiner Uniform und der junge Heini, so, so stolz auf seinen großen Soldatenbruder.*

Wenn Barbara dichtet, wenn wir zusammensitzen, unsere Geheimnisse austauschen, verliere ich meine Angst. Mein goldener Stern hat viele Namen.

Die bange Frage bleibt: Wer trug für mich all die Jahre den goldenen Stern? Ich weiß ja, dass er sich tief in die Furchen des Gesichtes meiner Mutter eingrub und erst leuchtete, als sie gestorben war. Nach ihrem Tod schrieb ich:

Es ist ein großes Glück ein Judenkind zu sein
ein großes Glück.

Ein großes Glück. Aber warum? Erinnerungsbarrieren. Eva, heute 92, hat ein sehr gutes Gedächtnis. Befragt allerdings über ihre Erinnerung vor 1933, antwortet sie: *Ich war ein deutsches Mädchen. Ich habe nichts von Antisemitismus gewusst, ich hatte aber auch nichts mit dem Judentum zu tun. 1933? Ja, da war alles anders.* Den Abend zu ihren Ehren, hatte sie sehr genossen. *Aber das mit dem Judentum. Hierüber macht ihr zu viel Aufhebens,* war ihr abschließender Kommentar.

Erinnerungsblockaden. Meine Mutter, eine geborene Lewy? Meine Großmutter eine geborene Löwenstädt? Nein, das wusste ich nicht. Meine Mutter, meine Großmutter, geborene Jüdinnen? Nein, das glaube ich nicht. Meine Mutter schweigt. Sie hat mir viele Geschichte erzählt, aber ihre eigene verschwiegen. Erinnerungsnot, Erinnerungsschmerz.

Gliederpuppe, Hampelfrau. Hilf mir bei meiner Erinnerungsarbeit. Ich bin unfähig, mich allein zusammenzuflicken und meinen ordentlich geflochtenen Zopf zusammen mit den wilden Haarsträhnen zusammenzubinden. Ich muss mich erinnern. Meine Mutter war krank, einsam. Wer hat sie getröstet? Ich bin es nicht gewesen. Auch mein Vater war einsam, verlassen. Er verlor im letzten Lebensjahr

Mein Vater als Offizier im Ersten Weltkrieg

seinen Verstand. Wer versuchte ihn zu verstehen, zu trösten? Ich bin es nicht gewesen. Verwandte, Tote, die ich nicht kenne, die gestorben sind oder ermordet wurden. Wer trauerte um sie? Ich habe es nicht getan. Fühle ich mich schuldig? Trauer, tiefe Trauer, Not, große Not. Mutter, Vater, Verwandte, vertraut mir! Schenkt mir euren Segen. Erinnerungsfluten. Zerreißt mich nicht.

Den Rosenweg gehen

Draußen im Garten blühen die Rosen. Ich stehe am Fenster – mein Emerita-Alltag – schreibend, den Rosenweg gehend.

Wo ist die Gliederpuppe, die Hampelfrau geblieben? Liegt sie im Grase, weggeworfen, zertrampelt? Habe ich sie weggeworfen? Ist sie kaputt? Im Rosenbeet erblicke ich sie. Sie ist nicht kaputt, nur etwas müde. Ich trage sie ins Haus.

Mein Emerita-Alltag. An der Universität geht es in zwei kleinen Räumen in der Römerstraße im ehemaligen PH-Gebäude mit der frauengeschichtlichen Forschung weiter. Soeben wurden eine CD-Rom und ein Internet-Programm zur deutschen Nachkriegsgeschichte aus Frauensicht fertig gestellt. Ich bin nicht mehr die Professorin, die im Rahmen der Universität den Versuch macht, Frauengeschichte als akademische Disziplin zu etablieren. Diese Zeit ist für mich, die Hampelfrau, die Gliederpuppe vorbei. Meine Träume von einem frauengeschichtlichen Bewusstsein, das Frauen stärkt und Männern die Augen für die historische Kraft von Frauen öffnet, ist aber geblieben. Für heute ist eine Besprechung angesagt.

Im Dezember 2000 hatte ich gemeinsam mit anderen Frauen den *Verein zur Förderung des geschlechterdemokratischen historischen Bewusstseins* gegründet. Das Ziel, die Errichtung eines Hauses der Frauengeschichte, verband uns. Regelmäßig trafen wir uns, um über die einzelnen Schritte zu beraten. Barbara forderte eine Faschismus-Diskussion: *Das sollten wir endlich gründlich klären. Was verstehen wir unter Faschismus und unter Differenz und Gleichheit und unter dem Anspruch der Anerkennung der Differenz als Bedingung zur Verwirklichung der Gleichheit auf dem Hintergrund einer faschistischen Vergangenheit? Und was verstehen wir unter Geschlechterdemokratie?* Mit dem Projekt *Haus der Frauengeschichte* stellte ich mir die Fragen, die meine universitäre Lehr- und Forschungstätigkeit bestimmten, aus einer neuen Perspektive. Was hat die europäische Geschichte der Demokratie mit Geschlechterdemokratie und mit dem deutschen Faschismus zu tun? Während meiner Berufsjahre habe ich über diese Themen gearbeitet, aber mich immer wieder in falsche Argumentationsketten verstrickt. Heute glaube ich, dass es andere Wahrnehmungsweisen unserer Geschichte gibt. Die von Frauen gelebte, in der Bilder-, Sprach- und Symbolwelt von Frauen zum Ausdruck gebrachte Sicht auf Geschichte führt mich tiefer hinein in die Geheimnisse unserer Vergangenheit. Ich begreife die unterschiedlichen Erfahrungswelten meiner Freundinnen und verstehe diese fruchtbare Differenz als die Basis meiner Existenz.

Kürzlich habe ich mit einer Gruppe ausländischer Gäste die Ausstellung über Leni Riefenstahl im Haus der Geschichte in Bonn besucht. Ich wehrte mich zunächst gegen diese Zumutung, denn ich gehörte zu den entschiedenen Gegnerinnen dieser Ausstellung. Der Ausstellungsbesuch gab mir Recht. Geblendet vom grellen Licht der Bilder begeisterten sich die Frauen, zum größten Teil junge Frauen aus Deutschland und dem Ausland: *Schöne Bilder. Schöne Körper.* Meine Ausführungen zur NS-Vernichtungspolitik, zur Politik der Ausmerze und der Auslese im Namen des gesunden Volkskörpers verhallten. Zu Hause notierte ich meine Gedanken: *Ich bin alt geworden. Stumm die Stimme*

Meine Eltern

der Weisheit. Verstummt im Lärm der gierigen Blicke, die laut kreischend die Leiber des falschen Gottes anbeten, weil sie den eigenen Körper nicht kennen, nicht lieben. Sie baden sich im Blut des gesunden Volkskörpers, als wäre er der eigene. Mein alter Körper erbricht. Er spuckt aus die schönen Bilder der Gewalt, die Scherben des falschen Spiegels und sieht das Erbrochene: Tote Männer, tote Frauen, tote Kinder. Mit meinen Freundinnen spreche ich über das Erlebte, wir überlegen Protestformen. Gemeinsam versuchen wir die Lektion zu begreifen, die wir aus unserer Geschichte lernen wollen.

Ich spüre die Blütenfülle des Rosengartens. Suche nach dem Rosenweg. Gliederpuppe, Hampelfrau: Steh auf. Erinnere dich.

Die Verletzungen sind tief.
Lass mich hinabsteigen
In deine Dunkelheit,
Wo die Kristalle leuchten.
Umarme mich
Mit deiner Dunkelheit
In der ich glühe:
Wie die Sonne,
Wie die Sterne.

Ich erkenne meinen Rosenweg. Ich sehe meine Mutter, die von ihrem Pfad vertrieben wurde und sich im Märchenland verirrte. Ich sehe meinen Vater, der sich mit allen seinen Kräften an den vorgeschriebenen Weg hielt, an all die Straßenschilder, die er streng beachtete, ich sehe, wie er seine Orientierung in der Welt verlor. Ich erinnere mich, wie ich meine Sprache verlor. Das erste Mal im Erlanger Gymnasium, als ich vor der Klasse stand und keine Antworten auf die Fragen meines Lehrers fand. Das zweite Mal, als ich in der Fakultätssitzung saß und versuchte, die Notwendigkeit eines Lehrgebietes Frauengeschichte zu begründen. Alle starrten mich an, als ob ich den Verstand verloren hätte. Mitleidig lächelten sie. *Aber liebe Frau Kollegin, jetzt übertreiben Sie wirklich.* Diese Sprachlosigkeit vergesse ich nicht.

Heute im Kreise meiner Freundinnen höre ich die Stimmen, die mir von der Geschichte der Frauen erzählen. Vielleicht werde ich eines Tages Ernsthaftes zu diesem Thema schreiben. Am liebsten bin ich allein zu Hause, in der Rosenwelt meines Gartens, auf die ich von meinem

Schreibtisch aus täglich schaue. Die Sprache der Rosen höre ich, fühle ich. Ich erlerne sie: Schreibend werde ich meinen Rosenweg gehen. Meiner Mutter legte ich keine Rosen ans Bett, als sie starb. Wir gehen aber gemeinsam den Rosenweg, behutsam, stark, mutig, liebend. Ich frage nicht nach dem Ziel.

Vertrautes, unbekanntes Wesen. Vertraute, unbekannte Lippen. Öffne dich. Vertrautes, unbekanntes Glück.

Ich gehe meinen Weg. Mein Körper ist schwer von Erinnerungen, von Vergangenheiten. Er ist leicht, leicht von Träumen der Zukünfte. Er kann fliegen. Er nimmt die Gliederpuppe, die Hampelfrau mit. Wir wollen uns gemeinsam erinnern, wie wir zusammen Maikönigin spielten, wie sie, die Hampelfrau, mir zu Hilfe kam, als ich ein Schulmädchen war und in den Trümmern des Nachkriegsdeutschland lebte. Sie hat mir die schützenden Lebenslügen verziehen, die mir den Weg zur Professur in Deutschland ebneten. Ich habe sie zunächst in die Ecke geworfen, ihr Schweigen geboten, mich in verschiedene Romantikfallen verirrt.

Ich sah die Trümmer nicht mehr, ich hörte auf, tiefer zu graben. Aber wir wissen es beide, Gliederpuppe, Hampelfrau, du kennst die Melodie meines Lebens. Du weißt um das Paradies, das in mir, das in dir, das in uns wurzelt. Gliederpuppe, Hampelfrau, wir graben gemeinsam tiefer. Wir begraben mit Ehrfurcht unsere Toten, wir begleiten mit Liebe unsere Freundinnen und Freunde, wir tanzen miteinander – alle zusammen. Denn wir sind das Paradies.

Mein Leben als Historikerin hat mit meiner Emeritierung eine neue Wendung genommen. Wie meine Zunftgenossen erforsche ich weiterhin Vergangenes und Vergessenes und entdecke dabei bisher Übersehenes. So füge ich Scherben wieder neu zusammen und suche nach der Bedeutung und

Als Emerita

der Gültigkeit dieses Scherbenhaufens, der sich neu zu einem Ganzen verbindet. Bei dem Zusammenfügen der Scherben, in denen die Geschichten ihrer Mütter und Großmütter eingeschrieben sind, entdeckten die Philosophinnen der Mailänder Schule, insbesondere die Philosophin Luisa Muraro, die symbolische Ordnung der Mütter als Schlüssel zu einer liebenden Aneignung unserer Geschichte. Es gelte Frauen als *Hüterinnen der Liebe* zu interpretieren. Ich stimme ihnen zu, suche aber nach geeigneteren Wörtern, die dieses widersprüchliche, Mütter und Väter umfassende Ganze unserer historischen Wahrnehmungsmöglichkeiten erahnbar, erfassbar machen. In der feministischen Wissenschaft wird oft die kreative Kraft von Frauen geleugnet. Die Bilder, Symbole und die Sprache von Frauen bewegten sich innerhalb herrschender Diskurse und seien deshalb stets reaktiv. Mein Verstand und meine Erfahrungen behaupten das Gegenteil. Auf sie verlasse ich mich. Das ist der Rosenweg, den ich schreibend, genießend, liebend, mit allen zusammen und ganz für mich allein gehen will. Der Wechselbalg mit Namen: Emerita.

Ein Dankeschön

Langsam wachse ich in meine Geschenke hinein, in das Geschenk meines Lebens, in die Welten meiner Mütter und Väter, meiner Freundinnen und Freunde, Kostbarkeiten, die wie Seifenblasen im Sonnenspiel zerschellen, versuche ich sie gewaltsam einzufangen. Hier habe ich nur einzelne Erinnerungsstränge zusammengeflochten. Es bleiben die ungebändigten, wilden Haarstränge. Denn meine Erzählung ist noch nicht zu Ende. Ich weiß immer noch nicht, wer mir meinen goldenen Stern schenkte, wer mir alles half, Antworten zu finden, als ich meinen goldenen Stern suchte, und wer mir Kraft gab, immer neue Fragen stellen zu können. Viele begleiteten mich auf meinem krummen, spiraligen Weg, viele hatten für mein Schneckentempo und meinen Eilschritt, für meine Kehrtwendungen und meine Widersprüche, für meine Verwandlungen und für meine sture Beharrlichkeit Verständnis. Pu-artig verabschiede ich mich jetzt mit einem Dankeschön.

In meinem Alter klettere ich nicht mehr so gerne hoch in die Gipfel der Bäume. Ich will nicht mehr alles wissen. Und doch bin ich weiterhin neugierig. Ich suche noch nach Honig für meine Honigtöpfe. Was meinte wohl Pu, wenn er von den Nestern der Bienen träumte, die unten am Boden, nicht oben in den Gipfeln gebaut sind? Dann wäre doch unten oben und oben unten. Das ist alles sehr verwirrend. Ich will wirklich nicht so viel wissen wie Pu. Nach meiner frauengeschichtlichen Sicht ist sowieso alles ganz anders.

Von Christine de Pizan habe ich gelernt, dass ich alles als eine Antiphrase begreifen soll. *Die Antiphrase,* so führt sie aus, *bezeichnet den Sachverhalt, dass man jemanden als schlecht bezeichnet, in Wirklichkeit aber meint, er sei gut und umgekehrt.* Vielleicht meinen auch die Männer in meiner Umgebung mit ihren frauenfeindlichen Äußerungen im Grunde das Gegenteil von dem, was sie behaupten: *Du bist die Natter, die ich an meinem Busen genährt habe.* Diesen Satz zitierte mein Vater, wenn er sich über meine Ansichten über Gut und Böse ärgerte. Er wusste aber nichts von der Bedeutung der großen Schlange, die die Israeliten verehrten, bis die Priesterschaft zur Regierungszeit Hiskijas *die eherne Schlange zerschlug, die Moses gemacht hatte* (2. Buch der Könige 18,4). Mein Vater war nicht in der Lage zu antiphrasieren. Pu, der so gerne alles verdreht, stimmt mit Christine de Pizan überein. Mit seinem kleinen Verstand versteht er viel vom Antiphrasieren, vom notwendigen Vertauschen von oben und unten, von Gut und Böse. Er ist noch gut befreundet mit der Schlange, die die alten Israeliten verehrten, ehe die neue Priesterschaft *die Haine mit dem Bild der Göttin Ashara verwüstete und die eherne Schlange zerschlug, die Moses gemacht hatte.* (2. Buch der Könige 18,4). Pu kennt nicht das Bilderverbot, an dem meine Fantasien wie Seifenblasen zerschellen.

Als meine Mutter nach 45 nach Deutschland zurückkehrte, glaubte sie, die Macht des Nationalsozialismus sei gebrochen. *Die zum Widerstand herausfordernde Macht ist gebrochen, und die Überlebenden, die zwischen Trümmern herumirren, fragen sich, was ihnen für den Wiederaufbau des Lebens geblieben ist.* Mit diesen Worten leitete sie die Abschiedsbriefe von Frauen und Männern des deutschen Widerstandes ein. *Nicht nur als pietätvoll bewahrtes Denkmal, als Mahnung und Warnung, sondern als ein Lebensbrot, dessen wir zum Wiederaufbau unserer verletzten Gesundheit nicht entraten können.* Mit diesen Worten hinterließ sie mir ein Vermächtnis, ich wachse in dieses Geschenk hinein. Schon wieder stehe ich vor ihrem Märchenschrank. Pu, der Bär, bewacht ihn. Pu ist meine letzte Autorität.

Noch eine letzte Frage: Ist Pu männlichen oder weiblichen Geschlechts? Christopher Robin meinte: *He is Winnie, the Pooh, don't you know, what »ther« means?* Christopher Robin stiftete mit seiner Frage große Verwirrung. Das Wort *›ther‹* steht nicht im Duden. Es steht aber in der neuesten Ausgabe von Pooh: *Now we are seventy-five.* Ich weiß. Die Veröffentlichung dieses Buches ist reine Geldmacherei. Pu ist niemals 75 Jahre alt geworden. Höchstens 68. So wie ich. Aber: Vielleicht weiß es Christopher Robin doch besser. Als ich ihn nochmals fragte, ob Pu männlichen oder weiblichen Geschlechtes sei, antwortete er: *He is Winnie – »ther« – Pooh. Don't you know, what »ther« means? – Oh, ja, jetzt weiß ich es.* Darauf antwortet Christopher Robin: *Das hoffe ich auch. Denn mehr an Erklärungen werdet ihr nicht bekommen.*

Was habe ich in diesen 68 Jahren gelernt? Dass das Leben schön ist, dass ich in das Leben verliebt bin, dass ich mich auf die Liebe verlassen kann? Das klingt alles etwas schwachsinnig. Ich bin keine verliebte Teenagerin. Für mich haben diese Worte dennoch eine Bedeutung. Ihre Wahrheit liegt tief vergraben in einem mächtigen Strom, der mich mit Wellen und Perlen überspült. Diese Wellen erzählen mir vom Geheimnis des Empfangens und des Loslassens. Mit meinen 68 Jahren beginne ich wieder zu leben.

Mit Pu klettere ich wieder auf die Gipfel der Bäume und lausche seinem Gesang. Ich folge seinen neuesten Einfällen: *If bears were bees and bees were bears they'd build their nests at the bottom of trees.*

Von Christopher Robin erwarte ich keine näheren

Auskünfte über das Geschlecht von Pu. Für mich steht fest, Pu ist die weise, große Bärin mit wenig Verstand. Auf weibliche Weise spielen wir unsere Verkleidungsspiele, während Pu mir das Lied meiner Geschichte vorbrummt. Zusammen sagen wir allen, die uns auf dieser Erinnerungsreise gefolgt sind, ein Dankeschön. Und glaubt mir, dieses schöne Märchen ist wahr.

Ich danke allen, die mich bei dieser Erinnerungsarbeit unterstützt haben: Barbara, Grit, Helene, Karlheinz, Marianne, Monika, Susanne, Susi und vielen mehr. Mein besonderer Dank gilt Maria Matschuk für ihre einfühlsame und konstruktive Kritik bei der Entwicklung dieses Buches.

Kuhn, Ich trage einen goldenen Stern
Aufbau-Verlag / € 17,90 [D]
ISBN 3-351-02556-4
9 783351 025564
04
PE/LD
DER GRÜNE PUNKT